樂活上菜

108 道健康美味料理

簡易的宴客菜
下飯的家常菜
鹹香的下酒菜
清爽的涼拌菜
營養的素齋菜
可口的減肥菜
電鍋菜氣炸鍋

關於做菜二、三事

幸福感從廚房開始

　　進門迎面而來的鍋鑊氣、空氣中充滿食物香氣，這個家是溫暖的，有人在為彼此的親緣，努力經營凝聚的元素。

　　無論你為一段關係黯然神傷，在一場征戰中意氣飛揚，或如初生之犢闖蕩江湖，最美好的就是每晚餐桌的相聚，有人分享你的喜悅、撫慰你的悲傷、鼓舞你前行的勇氣。幸福在碗盤匙箸間流淌。

飲食文化的深度藝術

　　人類文化的多樣性，發展出食物的多元化。一方水土與一方人的風俗、氣候、作物、人文形成緊密的關聯，而在地方蔚然成形，產生代表性的飲食文化。而文化的融合，就是不同文化特質間的相互吸引、學習，進而結合出符合當地的新氣象。

　　人類從未停下對風味的探索，創新是文化向前推展的神來之筆。源於生活的藝術，更高於生活。人類的飲食文明因之光輝燦爛，美食不分種族、地域、膚色，涵養交融，大放異彩。

自由奔放的創作樂趣

　　生鮮食材的採買很難剛好如同食譜所示重量；每家的醬油鹹度不一；一匙半匙的拿捏莫衷一是。因此本書沒有嚴格的食材限制、調味料劑量標準。這本食譜的角色，應該是提供靈感的引子，而非僅供依循的框架。全憑各家廚房的喜好發揮。

　　如同一首小提琴協奏曲，不同風格音樂家的詮釋，其差異都是在細節間的微妙變化。無須評斷軒輊，各擁其好。所以自己拿捏出來的鹽糖醬醋酒，就是自己的代表味道。音樂家是經過不斷的練習，廚房高手也是要歷經多方揣摩，飽嘗翻車、失敗的經驗，才能提刀而立、為之四顧、為之躊躇滿志。

化繁爲簡、去蕪存菁

高度發展的工商業社會，大部分都是職場與家庭兩頭忙碌的夫妻，化繁爲簡縮短做菜的時間、降低體力成本，讓下班後做出一頓飯，輕鬆迅速，不再是視爲畏途的苦差事。

許多菜式，若依傳統作法，必須分階段先過油、分批炒製。需要重新洗鍋、起油鍋，繁複且費時。我獨愛「一鍋到底」的快手招式，把食材往鍋邊一推，原鍋原油爆香續炒，一頓飯30分鐘解決。使用現成的「十三香醬」「紅蔥醬」「鹹蛋黃粉」，就省去備置多種配料的麻煩事兒。接受新思維與作法，好整以暇、氣定神閒、游刃有餘。

借力使力、太極境界

燉煮類菜式多道以「餘溫和時間」，不疾不徐、讓食物自己爲自己內部的化學變化醞釀完成，換取更高層次的口感與香氣。這是無爲之大爲，讓緩衝成爲美味爆發的原動力。

大腦的高速運作

做菜可預防失智症、延緩失智進程。做菜，必須到市場採買，要考慮時令季節、菜色搭配所需購置的食材，還要挑揀貨色、比較價錢。下鍋前的洗滌、預處理，是切片？切絲？切段？切滾刀塊？都須經過思考、搜尋經驗與決策。一桌菜要紅白綠配？酸甜鹹配？絲塊碎配？蒸、煮、滷、煸、炒、拌、煨、燉、爆、烤、炸……糖、醋、鹽、酒、醬……的分寸拿捏，在在處處無不需要大腦高速運作才能完成。

家中若有高齡者仍能下廚，就盡量讓其下廚，否則這項能力一旦中斷，很快就會失去。孝順的新觀念，不是伺候長輩無微不至，而是讓長輩盡量發揮其現有功能，不過度代勞。

學習新的菜式，當然更能啟動大腦神經元的新連結。每天做一道從沒做過的菜，不但訓練大腦，更讓家人眼前一亮、大飽口福。

喜歡做菜的歐巴桑

　　我是一個喜歡做菜的歐巴桑，當初只是做菜和同學及幾位網友分享作品，豈料一發不可收拾。既然累積這麼多作品，又應同學及網友要求集結成冊，索幸出書吧！

　　我沒有專業廚師證照，也不是餐飲界中頂戴著輝煌經歷的大師。我可以出一本書，您也可以在自己擅長的領域，為自己的努力，留下一段值得喝采的回憶。

　　唯請讀者包涵，本書照片都非專業攝影器材拍攝，是歐巴桑本人的手機在自家餐桌上所拍攝，燈光不美、配飾全無、偶爾手震，敬請見諒，雖不專業但滿懷熱情、真心誠意與大家分享。

目錄

牛蒡炒肉絲

　　牛蒡是非常便宜的食材，營養成分很高，有「窮人的人蔘」之美譽。買一支可以炒這麼大盤炒兩次，另一半可冰存一、兩個星期，也不會壞！

1. 肉絲醃醬油、幾滴酒，抓些太白粉，下鍋前再抓點油（容易炒散）。
2. 牛蒡切細絲泡鹽水，撈起瀝乾。
3. 起油鍋先炒肉絲到六、七分熟，再下牛蒡絲，加點鹽（要斟酌著放，牛蒡剛剛有泡鹽水了），滴幾滴醬油，鍋邊熗點酒，略炒兩分鐘就可以了。盛盤，灑點白芝蔴增香點綴。

　　這道菜是日式居酒屋的常見菜，質樸的田野氣息，可下酒、下飯，口感脆且簇擁著牛蒡的香甜味！

PS.

切牛蒡前要把刀磨利些，才好切。

醬燒杏鮑干貝

　　常吃菌菇類，可以抗癌、增強免疫力。切紋杏鮑菇形似干貝，故以名之！杏鮑菇與醬香交織，改頭換面，重獲新生，高貴登場，風韻十足。

1. 全聯有賣超大的杏鮑菇，切一吋厚輪，兩面再橫豎切細格紋。
2. 鍋燒熱不放油乾煎杏鮑菇，讓它出水把水分煎乾至兩面金黃。
3. 調醬汁：一大匙醬油、一大匙味霖（沒有味霖可以糖＋酒替代）、少許胡椒。
4. 倒入鍋中，燒煮一下，杏鮑菇多翻幾次面，讓兩面均勻入味。
5. 湯汁中大火收乾後盛盤，灑白芝蔴增香點綴，幾粒枸杞增添顏色。

清蒸小卷

　　小卷所含優質蛋白質，是補充營養的好選擇。清蒸彈軟鮮美，既簡單又隆重。

1. 小卷去肚和膜衣，注意裡面的硬白骨條不要抽掉，否則蒸起來就捲曲了。一面切橫刀，有三角鰭那面向下，不用切刀。

2. 盤底鋪滿薑片、蔥絲，小卷擺在蔥薑絲上面，最上面鋪一層蒜泥、蔥薑辣椒絲，淋點酒、一點點蒸魚醬油，電鍋0.7杯水蒸，最後把蒸黃的蔥絲挾掉，再鋪上捲蔥絲即可。

　　夏天來道清爽鮮甜的清蒸小卷，既營養、吃了也不會有罪惡感，是減重者的好選擇！

PS.

切長條蔥絲要泡冰水，才會捲捲的。

蒼蠅頭

　　這道菜的蒼蠅，指的就是一粒粒的黑豆豉。豆豉中的酶可以溶解血栓，常吃豆豉還可以改變腸道環境，增加好的菌叢！鹹香瀰漫，白飯殺手，風味縈懷！

1. 豆豉多清洗幾次，才不會過鹹。
2. 絞肉醃點醬油，下鍋前再加點油抓勻，才容易炒散。
3. 韭菜花切丁，拍蒜切碎，辣椒切圈
4. 起油鍋將絞肉炒散，下辣椒、蒜碎、豆豉炒香，香噴噴之後下韭菜花快炒（30秒），滴幾滴醬油炒兩下，鍋邊熗點酒，炒10秒，盛盤。

PS.
這道菜不要再加鹽了，豆豉的鹹味已經夠了！

粉蒸排骨

　　香甜軟糯的地瓜與Q彈留香的排骨，濃墨重彩的揮灑出這道手法至簡卻泱泱美哉的風味大菜！

　　備料：

1. 地瓜去皮切角塊。

2. 排骨放塑膠袋中，前一天醃製，蔥薑蒜末、少許醬油、一大匙辣豆瓣醬、香油、酒、少許糖，在塑膠袋中搓揉均勻。

3. 地瓜放盤底（或大碗），每塊排骨均勻沾上蒸肉粉，擺在地瓜上面。

電鍋外鍋兩杯水、蒸兩次，上菜前撒香菜末（家裡沒有，省略）！

PS.

好市多的排骨品質不錯，一大盒用塑膠袋分裝冷凍，隨時煮排骨湯、紅燒、粉蒸，非常給力！

涼拌茄子

　　茄子可以軟化血管、預防失智症、抗癌、減重，要保有其鮮豔的紫色，才能發揮最大的功效。我按照網路上各門派蒸煮法，沒有一次不變色，屢敗屢戰終於研發出鮮亮艷紫、不油不躁的撇步！

1. 茄子切好後直接放入炒菜鍋，放一杯1：1的醋+水，加蓋中小火煮到快乾，熄火不要馬上掀蓋，燜幾分鐘，再挾起排盤。
2. 淋蒜、辣椒、醬油、香油、少許糖調好的醬汁。

PS.

不用再加醋了，剛剛燒的醋水的醋味已經味道夠了。

白酒蒸蝦

　　蝦的熱量低是減重的好搭檔，含豐富的優質蛋白質和人體所需的必需胺基酸，多吃可以增強身體免疫力，所含硒、鈣、鎂、鋅都是人體不可或缺的微量元素。男生吃了生龍活虎，女生吃了豐胸健美！

　　以酒蒸煮，鮮嫩彈牙，充滿酒香氣，美味頓時昇華！

1. 以鍋底舖滿蔥薑蒜，蝦排好，米酒約100cc，不加半滴水，加蓋中偏小火蒸煮6-7分鐘，盛盤。（切勿蒸煮過頭，把蝦煮老就暴殄天物了）
2. 沾料：薑末+鹽+全聯買的水果料理醋（也可以白醋加點糖代替）。

梅菜苦瓜船

人生風景盡在此船，香、甘、苦、辣，滋味深遠、餘韻無窮！

1. 苦瓜去籽剖大半和小半，大半內部灑點太白粉抹勻。（蒸好後苦瓜與餡料才不會同船異夢、各奔前程）

2. 梅干菜半把，多洗幾次擰極乾，切碎。

3. 起油鍋爆香辣椒、薑、蒜末，下梅干菜炒勻，幾滴醬油，放少少許糖，鍋邊熗酒，亂炒30秒，起鍋。

4. 將半碗絞肉和梅干菜加一匙太白粉拌勻，放進已撒太白粉那面苦瓜裡，可稍微凸出來，但不要凸太高，免得上半苦瓜蓋不住。

5. 蓋上苦瓜蓋，電鍋外鍋兩杯水蒸兩次，每次燜五分鐘，完成撒香菜。

PS.

1. 梅干菜已經有鹽味，不需再加鹽，拌好餡時可先試一下鹹淡！

2. 苦瓜不要選太大，否則盤子、電鍋放不下。

涼拌檸檬雞絲

玉米筍熱量非常低，富含鉀、鐵、硒、維生素B1、B2、B6、C及E、β-胡蘿蔔素、蛋白質、脂肪、葉酸、膳食纖維等，可增進新陳代謝。搭配雞肉，是一道輕爽、營養又減肥的涼拌菜！

1. 玉米筍切斜片，川燙兩分鐘，撈起。水不要倒掉，馬上要燙雞肉。

2. 雞腿去骨（雞胸也行），劃幾刀斷筋，否則燙完就縮了。

3. 鍋中熱水丟幾片薑，打一個蔥結，加點米酒，下雞肉，中小火煮到滾，加蓋熄火燜十分鐘。

4. 雞肉放稍涼，用手剝成絲，加入小黃瓜絲、玉米筍、蒜末、辣椒絲、檸檬汁、醬油、辣油、糖、胡椒粉、香油適量，一點香菜，拌勻即可。

PS.

1. 檸檬較有香氣，用白醋替代也行！

2. 這道菜的雞肉是靠燜泡熟的，可以保持雞肉鮮嫩多汁。煮的時候火不要大，免得雞肉變老了！

貢菜炒肉末

從漢高祖劉邦到乾隆爺都愛吃，年年上貢到宮裡，故名貢菜、亦名皇帝菜。口感爽脆，嚼起敊敊作響，又稱響菜。

1. 貢菜洗淨泡水約1-2小時，擰極乾，碎切。
2. 絞肉醃醬油，下鍋前抓點食用油（下鍋才容易炒散）。
3. 起油鍋把肉末炒散，續下辣椒蒜末炒香，再下貢菜翻炒10幾秒，放鹽、味精、幾滴醬油、鍋邊熗酒，再炒20秒就可以了！

PS.

1. 這個菜是我在大陸吃過一次驚為天人，爾後每次到大陸必帶回來，這幾年沒出國，竟然在蝦皮（購物網站）發現這個寶貝，和大家分享！
2. 貢菜亦可切小段涼拌，川燙15秒即可。
3. 我買的這個貢菜沒有添加劑，顏色看起來沌沌，如果鮮亮綠色是有添加人工色素的。

佃煮秋刀魚

秋刀魚富含Omega 3，可預防失智症，豐富的維生素D和鈣質，可以預防骨質疏鬆症；牛磺酸可以促進胰島素的分泌和作用，幫助降血糖，還能淨化血液降低膽固醇。秋刀魚屬於小型魚類，較無重金屬污染問題。佃煮秋刀魚是日式居酒屋的知名料理，經過天龍八部的「化骨綿掌」加持，細膩濃郁、鮮沛豐腴、獨霸食林！

1. 秋刀魚去頭、去腸肚，切半。
2. 鍋底鋪滿蔥薑片（魚才不會黏鍋），把秋刀魚排上去。
3. 味霖1：醬油1：醋1：水1的比例，淹過秋刀魚。（沒有味霖可以米酒1杯＋半杯糖）
4. 燒滾後，加蓋，剛開始可以小心上下層翻調位子，讓魚均勻入味，煮一段時間之後就不要動它了，否則魚肉會破爛碎糊，轉極小火燜煮約一個半小時。
5. 盛盤，撒白芝麻增香點綴。

下飯佐酒，魚骨入口即化，驚豔四座，令人擊節讚嘆！

PS.

1. 因為這道菜要燉煮較久,所以可以一次多做一些,分裝保鮮盒冷凍、冷藏都可以保存,要食用不需要再加熱,撒上芝麻即可,一般在餐廳都是冷盤上菜。

2. 秋刀魚去腸肚,把頭切掉不要了,用一雙有稜角的免洗筷(不要圓筷、不鏽鋼筷,摩擦力不夠),從切斷頭處插入肚子,扭轉幾下再抽出,整付腸肚就跟著筷子抽出來了。

梅干扣肉

20幾歲剛學作菜時，看傅培梅食譜學做這道菜，把醃好的肉放進油鍋裡炸，不料引起一陣驚天爆，雙手被油噴濺起水泡如泡泡龍，從此蒙上陰影，再也不敢動梅干扣肉的念頭了。

直到去年買了個好東西（高齡者也要接受新科技，才能與時俱進），家裡餐桌就不時看見這道酥人心胸的大菜了！

1. 梅干菜多洗幾次，擰極乾切碎備用。
2. 整塊肉用蔥、薑、醬油、糖、酒醃一夜。將肉放進氣炸鍋，180度正面炸五分鐘，翻面再炸五分鐘。
3. 起油鍋爆香辣椒、蒜末，下梅干菜炒勻，把醃肉的醬汁全倒進去炒，再加點米酒炒香，盛出。
4. 肉切約0.7公分薄片，排入大碗中，炒好的梅干菜放中間壓緊。
5. 電鍋外鍋兩杯水蒸三次，每次跳起來都燜15分鐘，再重新加水蒸。
6. 完成後，蓋上盤子，用手壓住碗底與盤緣，迅速翻扣，掀碗、灑香菜上桌。

肥腴酥爛、入口即化、香氣喧騰、黯然消魂、天上人間！

PS.

1. 每次可以多做幾碗冷凍保存，家裡客人來了，放進電鍋蒸，馬上出一道大菜！

2. 氣炸鍋不用迷信7-8千元的大品牌，我在蝦皮（購物網站）買一千多塊錢的氣炸鍋，操作簡單「強、勇擱猛」又完全安靜無聲，讓我愛不釋手！

五色如意捲

　　朱子家訓有云：器具質而潔，瓦缶勝金玉；飲食約而精，園蔬愈珍饈。唾手可得的平凡小蔬，打破單調，重組出精緻的一盤錦繡！

1. 小黃瓜，玉米筍、紅蘿蔔都切條，蘆筍對半切。滾水下蘆筍燙30秒撈起，玉米筍燙2分鐘撈起，紅蘿蔔燙6-7分鐘撈起。
2. 兩塊豆皮攤開並排（近日買的豆皮似乎縮水，若面積太小則用三塊）刷一層薄薄的醬油，鋪上一層壽司海苔。
3. 把所有蔬菜排漂亮，中間擠美乃滋，捲起，末端沾麵糊黏住。
4. 熱鍋抹一層薄油，入鍋煎赤赤，切壽司狀，盛盤。

五色祥彩，祝福大家素素如意！

醬燜南瓜

南瓜豐富的礦物質，鈷、鋅、鐵、維生素A和β-胡蘿蔔素，助視網膜感光。所含葉黃素、玉米黃素，可以預防黃斑部病變和白內障。此外，南瓜是高纖食物還可穩定血糖、保護心血管、預防癌症、胃潰瘍。用南瓜代替米飯，更可以達到減重的效果！

醬燜南瓜不是一般加水燜，煮得爛糊糊、軟綿綿，這道醬燜南瓜口感Q彈，讓您顛覆對南瓜的傳統印象，因為不加一滴水，所以甜味更勝一籌！整道菜只有醬油一味調味料，讓您與南瓜來一段美妙的奇遇。

1. 起油鍋下南瓜塊，翻炒10秒，放醬油炒勻（不要過度翻炒），蓋鍋蓋中小火燜，南瓜會出少許水分，用那些水蒸氣就足以將南瓜燜熟。

2. 偶爾翻炒兩下，再蓋上鍋蓋，直到南瓜可以輕鬆用筷子戳透就完成了。盛盤，灑蔥花。

白玉紅瑪瑙

　　營養鮮美、低熱量，而且完全零廚藝！最適合我們喜歡簡單料理、「吃軟不吃硬」的高齡族群！

1. 豆腐切塊擺盤中，豆腐上面灑點蒜薑末。
2. 蝦仁背部劃開去腸泥，醃酒、鹽、胡椒，放在豆腐上面。
3. 電鍋外鍋半杯水，跳起來就端出來，否則蝦就燜老了。
4. 盤底的汁水倒鍋中勾薄芡，加點香油，淋上芡汁，灑蔥花。

　　紅白相間、脆彈鮮甜、晶瑩透亮、幸福纏綿！

照燒土魠魚

　　土魠魚含有豐富的DHA、EPA以及Omega 3 ，可以保護心血管、預防失智症！朋友送的澎湖土魠魚，常見餐桌上老是乾煎。換個作法，鹹甜的照燒風味，柔和悠長，一份心意溫暖熨貼家人！

1. 土魠魚中火雙面略煎1-2分鐘，下醬油、味霖、水=1：1：1（差不多各2大匙）
2. 中小火雙面各燒幾分鐘上色，直到湯汁濃稠快收乾（不要完全燒乾，味霖的糖會碳化），起鍋，灑白芝麻點綴增香。

PS.
如果沒有味霖，改放酒三匙+糖1尖匙。

椒鹽杏鮑菇（葷、素兩版）

　　杏鮑菇屬於低脂肪、低熱量、高蛋白質和高纖維的食物。蕈菇類含多醣體是養生聖品，可防癌、增強免疫力。

　　椒鹽料理是啟動味蕾的密碼，杏鮑菇爽脆口感，椒鹽濃香釋放，酒可酣暢、飯鍋見底！

1. 杏鮑菇用手撕細條，入乾鍋以中小火慢慢煸炒，讓水分釋出，炒到表面微微焦黃。

2. 炒乾的杏鮑菇大大縮水，體積剩下一半（過程大約五分鐘），把菇推到鍋邊，留出一邊空位，鍋也傾斜放，放油，燒熱後下辣椒圈、蔥白末、蒜末，爆出香氣後，鍋扶正，全部材料翻炒均勻。

3. 放鹽、胡椒粉、一點味精、一滴滴酒（酒不可多，整道菜是乾爽的，放多了，變成湯湯水水），炒勻，最後起鍋前撒蔥綠末拌勻，起鍋。

PS.

1. 素食者不加蔥蒜，以薑、香椿代之，一樣鮮香可口！
2. 這盤是全聯賣的一整包杏鮑菇做的，別看它手撕後，好像很大一堆，炒起來正好一盤。
3. 手撕若不好撕，可在底部劃一公分深的切痕，沿切痕撕。

醋溜土豆絲

馬鈴薯大陸稱為土豆，醋溜土豆絲的作法顛覆您對馬鈴薯口感的認知，鮮明的酸、脆、爽、辣，碰撞出難以忘懷的滋味！炎炎夏日，這道眷村外省菜，也可以冷藏作涼菜吃喔！

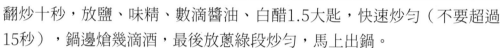

1. 馬鈴薯切絲，用水淘洗數次，直到水清澈，瀝乾。
2. 起油鍋爆香蒜片、辣椒、蔥白段，放入土豆絲快速翻炒十秒，放鹽、味精、數滴醬油、白醋1.5大匙，快速炒勻（不要超過15秒），鍋邊熗幾滴酒，最後放蔥綠段炒勻，馬上出鍋。

PS.

1. 把調料都事先備好放一旁，動作要快！快！快！不要久炒，否則土豆絲就炒軟不脆了。
2. 切好的土豆絲若沒洗掉表面的澱粉，炒完會黏糊糊的。
3. 也可以爆香花椒，椒麻味非常香。
4. 這道菜要夠酸才好吃。

豉汁排骨

在港式飲茶點這道菜，蒸籠裡一碟只夠塞牙縫，就得120-150元，花了一百元成本做的這一大盤，換算下來起碼可以賣1000元了！

1. 排骨在流動的水中泡十分鐘，把血水沖淨，讓排骨泛白。瀝乾後醃一點點蠔油，再將排骨用太白粉抓勻。

2. 起油鍋爆香豆豉、辣椒、蒜末，熄火，將爆香料和排骨拌勻，盛盤。

3. 電鍋外鍋一杯水，跳起燜10分鐘，灑蔥花上菜。

排骨在電鍋蒸時，就香氣四溢，讓人迫不及待要大快朵頤！簡單的做法，勾勒出細緻的不同風味層次！

 PS.

1. 不用加鹽，豆豉的鹽味足矣！
2. 辛香料爆出香味即可，蒜末不要爆到焦黃，否則蒸不出蒜香氣。

蛋煎櫛瓜

　　櫛瓜含鉀、鎂、鈣、鐵、β-胡蘿蔔素、維生素B，整條才20大卡，是高纖低熱量、益於減重、強健骨骼的營養保健蔬菜。第一次吃櫛瓜是我十幾年前在香港吃的，香港很常見，當時在台灣還沒見過。猜想是因為香港地狹人稠，缺乏耕地，蔬菜來源大都源自內地，所以可以保存好幾天的櫛瓜，是香港的首選。簡單料理以品嚐食物原來的淳樸風味，若有似無的清香，輕盈淡雅、欲語還休！

　　1. 調麵糊：蛋液＋麵粉＋鹽＋胡椒粉，調成糊狀。

　　2. 櫛瓜切圈，沾麵糊，下熱油鍋中小火煎至兩面金黃，起鍋。

四季豆炒牛肉

　　四季豆口感清甜、富含營養且低熱量，是一款健康的豆屬蔬菜；用斜切的方式，增加接觸表面積，不但快熟，而且容易入味。

1. 牛肉醃點醬油，再抓點太白粉，醃一下，下鍋前再抓點油，才容易炒散，而且口感嫩滑。
2. 起油鍋，中溫時將牛肉炒至7-8分熟，盛起。
3. 熱鍋重新放油，將辣椒大蒜爆出香味，放入四季豆拌炒，加一點點水（約兩湯匙），邊拌炒邊放點鹽、味精、幾滴醬油，大約炒兩分鐘。
4. 將牛肉下鍋同炒，鍋邊熗酒，炒兩下，起鍋。

簡單的下飯菜，帶便當也很適合喔！

泡菜水果中卷

以前曾做過一道有名的台菜「鹹蛋黃中卷」，一隻中卷要塞十來個鹹蛋黃，簡直是恐怖的膽固醇大餐！用點巧思，把它變身成為營養均衡健康、美味、減重、零廚藝也能完美呈現的豪華宴客菜！

1. 燒鍋水，放幾片薑、蔥、酒，水滾後轉中小火燙中卷，再次滾就熄火，不要燙老了，熄火後過兩分鐘再撈出來。
2. 撈出中卷馬上放入涼開水中冷卻。
3. 韓式泡菜、蘋果、鳳梨切丁，塞入中卷，中卷尾巴切一小段下來，留出一個小小洞，塞內料時會出水，讓水從小洞流掉，邊塞邊壓實，越緊實越好，最後開口處用牙籤十字固定。
4. 放入冰箱冷藏半小時再拿出來切，刀要磨利，用前後鋸的方式切（不是直刀下壓切，會破功），擺盤。

滋味鮮美極了，酸、甜、辣、脆、彈牙，吸睛奪目，風風光光！

PS.

1. 蔥薑酒目的是要去腥，但我隨手丟切下來的鳳梨心到滾水鍋，效果完全不輸蔥薑酒。（節儉是美德）

2. 內餡也可以放小黃瓜、水果甜椒，增加繽紛的顏色。

3. 燙完的中卷放入「涼開水」，不是「冰開水」，以免一次縮太緊實，等一下塞完餡料，放冰箱冷藏，讓中卷真正縮緊，切的時候，才不容易散掉。

4. 家裡沒有美乃滋，不然擠線條上去，看起來更美。但即使沒有美乃滋，味道就很足夠了。重點是減少熱量，對一生致力于減肥的姐妹們很重要！

可樂豬腳

　　家人只要過生日，就會放縱一下，好好燒一鍋豬腳，煮個麵線，展現對家人生日的重視，表達對家人的愛意。

　　生日的前一天晚上就動手做！

1. 冷水起鍋，加入蔥薑酒，豬腳川燙一下。
2. 鍋底鋪蔥薑，豬腳擺好，加可樂、「十三香醬油」、水=1：1：2，米酒半杯，淹過豬腳。
3. 煮滾後，極小火大約40-50分鐘（中間可上下調整一下豬腳），不要掀鍋蓋，熄火。
4. 隔天食用前再加熱、盛盤、撒蔥花。

　　軟糯Q彈，膠質凝口，香氣撲鼻，肉酥不爛！舉杯祝願家人，如晝之日、如夜之月、永明常健！

PS.

1. 以前都用冰糖炒糖色，改用可樂方便省事，可樂所含的焦糖，香味更勝炒糖色。

2. 全聯買的金蘭「十三香醬油」讓我愛不釋手。以前滷鍋要加的香葉、桂皮、八角、丁香，現在它一瓶搞定！

3. 鍋內上層的浮油加上燜蓋，起了燜燒的作用，少了直火，保留Q彈口感，又節省瓦斯。放到隔天中午，鍋子都還是微溫的。

4. 隔一夜上菜，比起當天燉煮到位上菜的味道，更勝一籌。一夜的梅納反應，生成還原酮、酯、醛，各自的芳香分子融合，激活豬腳的極緻美味。

美食也是一門科學！烹飪是時間的藝術！

麻婆豆腐

　　這道川菜的十大名菜之一，據傳在同治年間由成都北郊萬福橋邊一家名為「陳興盛飯舖」的飯館老闆娘陳劉氏所創。由於陳劉氏的臉上有麻點，因此當地人都稱她「陳麻婆」，故稱之「麻婆豆腐」。鮮紅透亮、白綠香間，簡單就能駕馭的家常菜，讓您唇齒留香、飯鍋朝天！

1. 豆腐切丁，絞肉醃醬油，下鍋前抓點油才容易炒散。
2. 起油鍋，炒散肉末，下蔥白、薑、蒜、辣椒末爆香後，加入一大匙辣豆瓣醬，少許醬油，炒出醬香味。
3. 加一碗水，煮滾後下豆腐燒幾分鐘讓它入味，撒點胡椒粉、花椒粉，勾芡汁，起鍋前滴幾滴香油，盛盤撒蔥綠花。

涼拌甜椒雪白菇

　　這道菜是癌症剋星！菇類能增加人體免疫能力，使體內自然殺手細胞及T淋巴球活化，促進抗體產生，減緩癌細胞的繁殖與生長。甜椒是維生素A、C、E、類胡蘿蔔素良好的來源，也含各種酚類和黃酮類化合物，這些化合物具抗氧化的能力，也因此攝取甜椒可預防與自由基氧化有關的疾病，如：心血管疾病、癌症。各種不同顏色的甜椒，功效都不一樣，咱們就混合著吃吧！鮮豔欲滴、明亮誘人！

1. 菇用滾水燙一分半鐘，芹菜燙20秒，水果甜椒可生食，切絲即可。也可加點辣椒絲。
2. 調醬汁：水果料理醋、少許鹽、少許醬油、辣油、香油（隨便亂加，喜歡什麼口味就加什麼）。

PS.
全聯買的水果料理醋有甜味，不要再加糖了。

口水雞

這道菜名由來是因中國近代文人郭沫若曾在文章中寫道：「少年時代在故鄉四川吃的白砍雞，白生生的肉塊，紅殷殷的油辣子海椒，現在想來還口水長流。」這饞涎掛嘴形容得很生動，就稱之為「口水雞」。辛香入魂、琥珀般的色澤、花生米的意外相逢，交融出料想不到的絕妙滋味。

1. 雞肉內側要劃幾刀斷筋（煮好才不會縮成一坨），滾水鍋放幾片薑、蔥結、米酒，雞腿下鍋中小火煮至滾，熄火加蓋燜十分鐘。
2. 撈起後放冰水冰鎮一下（皮才會脆），取出瀝乾。
3. 小黃瓜切粗絲（像筷子那麼粗）鋪盤底，雞肉切好排在小黃瓜上面。
4. 調醬汁：醬油、白醋、白芝蔴、一點開水（才不會過鹹）、一點點糖、一大匙油潑辣子，攪勻淋上，最後灑花生米、香菜。

PS.

1. 今天這道菜是家裡來客人時做的，手下留情，不敢放太多油潑辣子，怕客人不敢吃。如果是自家人吃，整盤紅通通、辣呼呼，才是正宗的口水雞。

2. 做這道菜不能用好市多的去骨雞腿排，太軟、沒有口感。我都去菜市場買土雞肉，這盤是用一個大的L腿，去骨做的（請雞肉攤幫忙去骨，煮好後才不用剁）。

金酥玉芙蓉

　　吃牛排時，盤中佐的蒜片，香脆濃郁，讓食物頓時美味升級。家裡備著蒜片，什麼食物都可以灑一點，有畫龍點睛之妙！

　　芙蓉豆腐雖然超市隨手可得，但自己做也蠻簡單的！

1. 3-4個雞蛋打散加上等量的無糖豆漿，加幾粒鹽、幾粒糖提味。
2. 方型不鏽鋼或玻璃保鮮盒內墊一層烘焙紙，倒入雞蛋豆漿。
3. 電鍋外鍋一杯水，鍋蓋和電鍋間放根筷子留出一條細縫，蒸好取出倒扣盤上，再小心將烘焙紙拿掉。

　　做好的芙蓉豆腐可以煮湯、火鍋、煎、炸，可以冷藏存放3、4天。

炸蒜片：

1. 盡量挑大一點的蒜，切片，泡水後瀝乾（炸好才不黑、不苦）。
2. 鍋內冷油就放入蒜片，極小火慢炸，要邊翻動，讓蒜片受熱均勻。
3. 稍微淺黃色就要撈起，若等到金黃才撈，就太過火了，放涼過程，顏色還會加深。
4. 趁熱灑點鹽（不要太鹹），抖一抖，讓鹽均勻裹住蒜片。
5. 放涼才可以裝罐。炸完的蒜油炒菜、拌麵特別香。

　　芙蓉豆腐上面可以滴1、2滴甜口的醬油，佐上蒜片，雙重口感，一口酥香脆，又滿口嫩滑。

氣炸鍋之脆皮炸雞

炸雞不用一滴油，您心動了嗎？

1. 雞腿排內側劃幾刀，以免加熱縮成坨。前一天醃蔥薑蒜、醬油、酒、糖、胡椒粉，放冷藏。
2. 買一包洋芋片，在袋子裡揉碎（不要揉成粉，要有小顆粒），洋芋碎片放盤中。準備一盤麵粉、一碗蛋液。
3. 醃好的雞腿排先沾滿麵粉，再沾蛋液，最後沾滿滿的洋芋片。
4. 氣炸鍋180度烤18分鐘，翻面再烤12分鐘。

香噴噴、鮮嫩多汁、外皮酥香脆的炸雞，出爐囉！

PS.

1. 好市多的氣骨雞腿排，非常軟嫩，適合做這道料理。

2. 每家的氣炸鍋功率不同，請自行判斷，若不夠金黃，就再炸幾分鐘。隨時注意，避免烤焦。

3. 做料理難免有油炸的菜，但是一大鍋油，既不健康又浪費(用炸過的油炒菜，有致癌風險)，我真的太愛氣炸鍋了，完全不用燒一大鍋油，也能做酥香脆的料理。不要迷信市面上7-8千塊的名牌，我在網路上買一千多的氣炸鍋（科帥），就用得嚇嚇叫了！

小黃瓜沙拉蝦盅

炸薯條、洋芋沙拉給人的印象是吃了爆肥的食物。

事實上馬鈴薯是被冤枉的，馬鈴薯的營養成分很高，且熱量是米飯的一半，所含的抗性澱粉，能降低脂肪儲存而減輕體重。而且馬鈴薯吃了，很有飽足感。

馬鈴薯含多種維生素和類黃酮、槲皮素等植化素，有助心臟健康、降血壓、提升免疫力。所含豐富的膳食纖維，可以預防大腸直腸癌。

1. 將馬鈴薯切丁，電鍋外鍋一杯水蒸熟、搗成粗泥。
2. 小黃瓜躺平，用刨刀從頭至尾刨出整條完整的片，捲好排在盤中。
3. 下面做法二擇一
   「怕胖」：薯泥加檸檬一顆、鹽、黑胡椒粉拌勻。
   「怕瘦」：薯泥加美乃滋拌勻。
4. 把薯泥分裝入小黃瓜圈中，擺上川燙好的蝦仁。

這樣就是一道賞心悅目的營養減肥餐了。

PS.

1. 這盤正好用一顆中等大小的馬鈴薯，整盤熱量不超過300卡。

2. 薯泥可拌入水煮蛋、紅蘿蔔丁、或紅黃甜椒碎丁、蘋果，喜歡什麼就隨便亂加。

3. 現在全聯有賣減熱量40%的美乃滋，即使拌美乃滋，也沒什麼負擔。

蜜汁豬肋排

　　這道菜的美味真堪獨挑大樑，出爐之際，香氣四溢，醬香與蜜汁濃烈炙燒，一口咬下，外酥裡嫩、肉汁流淌、微微焦香，霸道的征服每張挑剔的嘴！

1. 將幾粒蒜、一點洋蔥、幾口鳳梨打成泥（剁碎碎也行）放在塑膠袋中，加醬油、蠔油、酒，醃漬排骨，可用手揉一揉，冷藏隔夜。
2. 豬肋排放進氣炸鍋（烤箱也行），200度烤20分鐘取出，兩面塗完蜂蜜後翻面，再180度10分鐘。烤到兩面都顏色漂亮，最後出爐前，可再薄刷一層蜂蜜，再烤最後一分鐘，即完成。灑芝蔴！擠上檸檬，蜜汁豬肋排便可華麗登場了！

PS.

1. 鳳梨所含酵素可以分解蛋白質,讓肉質吃起來非常軟嫩,完全不柴,而且增加了水果的香氣。
2. 每家氣炸鍋或烤箱功率不同,因此要自己拿捏,觀察顏色,不要烤焦了。
3. 餐桌上可用餐刀割開成一根一根肋排,滿足女生最愛的「儀式感」
4. 醃肉(絞肉、肉絲也是)時,用原來裝肉的塑膠袋,直接加入辛香醬料,可以用手搓揉均勻入味,還免沾手,少洗一個碗。

紅燒海鱸魚

鱸魚含有優質的魚肉蛋白質，每 100 公克蛋白質有約 20 公克。利於傷口組織、細胞修復。魚皮所含膠質、鋅、Omega-3 等，亦為修護組織不可或缺的營養，而鉀、磷、鈉以及鎂等為心血管、神經細胞以及肌肉組織調節的必須營養素，在傷口休養時期，這些還能輔助細胞的代謝和調整。

1. 魚身抹少少許鹽、酒。
2. 熱鍋下冷油，油燒到起油紋下鱸魚，中小火慢煎，不要馬上動它，鍋子要傾斜讓頭尾都煎到，等整條魚都平均煎透，再搖搖鍋子，魚可以整條滑動，才能翻面，煎到兩面赤赤。
3. 把魚推到一邊，中間的油下蔥、薑、辣椒、大蒜爆香後，魚再回到鍋中間。
4. 先下醋一大匙，接下來醬油、糖、酒、加點水，兩面燒入味，熄火。
5. 把燒得爛糊糊的蔥揀出，不要了。盛盤、撒蔥絲。

經典美味，是所有台灣人熟悉的味道！

PS.
相同作法可做吳郭魚、鯧魚、虱目魚、黃魚、烏魚、赤鯮……

梅漬蕃茄

蕃茄所含的茄紅素具有防止肌膚和血管老化的作用，其抗氧化作用是維生素E的100倍！β-胡蘿蔔素、維生素C、葉黃素及酚類，可達到抗氧化、去斑、抗發炎效果，還有預防老年性黃斑部病變，且可有效舒緩更年期不適症狀，如焦慮、熱潮紅與易怒等。在餐廳用餐時，經常看到這道可口開胃、去油解膩的小點。酸甜滋味，猶如戀愛般美好！

1. 小蕃茄底部輕劃十字刀，放入滾水燙30秒，撈起泡冷水，此時劃刀處的皮會掀起，把皮剝淨。
2. 剛剛燙蕃茄的熱水倒掉一半，剩下的熱水加入梅子十來顆，小火滾幾分鐘，熄火。
3. 慢慢剝皮的同時，讓梅子水稍冷卻。
4. 等蕃茄皮剝好，梅子水也稍涼時，擠入一顆檸檬，加入3-5大匙蜂蜜拌勻。
5. 放入蕃茄，梅子水要淹過蕃茄，冷藏一天即完成。

PS.

台灣酸梅泡久了都爛爛的。我用泰國頭等艙還魂梅（寶雅買的），不死鹹而且風味絕佳，名曰：還魂，其來有自。泡兩天的蕃茄吃光了，此時的「還魂梅」更融合蕃茄香氣，脆爽口感、香氣沁人魂魄，銷魂、還魂、銷魂、還魂……讓人欲拒還迎、欲罷不能！

香炒吻仔魚

　　骨質疏鬆症是一種沉默的殺手，大多沒有明顯的症狀，有些中高齡患者，可能只出現身高變矮、駝背的外觀變化，患者平常難以覺察到它的存在，大多不以為意，但是只要一個輕微跌倒，或是突然過猛外力，如彎腰搬運物品，就可能造成骨折。骨折後引發嚴重的疼痛、無法行動、長期失能，影響生活品質，甚至死亡。宜多補充鈣質、適度曬曬太陽，可預防骨質疏鬆症。健康高鈣的吻仔魚，要常吃喔！

1. 吻仔魚多洗幾次，用濾網瀝乾。
2. 爆香蔥白、薑、蒜、辣椒末，入吻仔魚亂炒幾下，放幾滴醬油，一點點點糖，鍋邊熗點酒，起鍋前下蔥綠末，翻勻即可。

PS.

1. 吻仔魚夠鹹，不要再加鹽。醬油只是要提味，只能放幾滴。

2. 請所有高齡者務必平日預防跌倒，浴室、浴室門踏墊都要防滑；不要門鈴、電話響就衝過去開門、接電話；不要爬高拿、清理東西；半夜清晨起床上廁所，務必坐會兒等回過神，手腳動一動俐索了，再起身；不要為省電，到處關得暗摸摸。年紀大了，千萬不能跌倒，沒死都是半條命了！

泡薑炒肉絲

　　冬吃蘿蔔夏吃薑，不勞大夫開藥方！即將進入嫩薑的產季，正是泡嫩薑的好時節。今天的泡嫩薑，是去年八月做的，風味奇佳無比。

1. 泡菜缸用冷開水仔細涮洗乾淨，加入五六分滿冷開水，加鹽（水：鹽=10：1，如果嫩薑有殺青，改成12：1），加一大匙米酒或高粱酒，加一撮冰糖，缸子放在陰涼處，封蓋約一星期左右，讓它慢慢發酵。
2. 殺青：薑洗淨後用冷開水再洗一次，用鹽醃隔夜殺出水分（這樣口感較脆，少此步驟亦可）。瀝掉水分後，再用冷開水沖洗一下，放入泡菜缸中，泡菜水要淹過薑，密封一星期左右，就可以吃了。（若不夠鹹，缸裡可再加點鹽）

　　泡薑佐稀飯、炒菜風味絕佳，泡菜含有豐富的益生菌，可維持腸道的健康。薑還可以預防大腸癌、疏通血管、預防血栓、潰瘍、殺菌解毒。

1. 肉絲醃點醬油、太白粉，下鍋前抓點油，較易炒散，口感也較嫩滑。
2. 爆香蔥白、辣椒，下肉絲炒至6-7分熟，下泡薑絲炒勻，加一點點糖提味，起鍋前下蔥綠拌勻，盛盤。

PS.

1. 這道菜不需要再放鹽或酒，泡薑已經夠鹹了，而且自帶酒香氣。

2. 四川泡菜和台灣泡菜不同，四川泡菜「鹹+大酸」，台灣泡菜「大甜+微酸」，這道菜不能用台灣泡薑做，甜不拉嘰完全不是那麼回事兒，台灣的甜泡薑是佐壽司用的。

3. 泡薑缸子也可以泡高麗菜、辣椒、豇豆。喜歡花椒香氣的，可以煮一把花椒，放涼再加入。

4. 泡菜要成功，一定要注意「無菌」的概念，雙手務必澈底洗淨，缸子也要完全無油，用殺菌過的冷開水洗淨，蓋子要完全密封嚴實。且每次取用，器具務必乾淨無油無水，否則泡菜缸遭污染，就整缸毀了。

黑面皮露

　　紫菜可防大腸癌還能降膽固醇，抗癌成分硒是毛豆的6倍；所含葉酸是菠菜的17倍；維生素A，約為牛奶的67倍，可預防夜盲症；維生素C，為卷心菜的70倍；所含膽鹼可預防失智症；高鈣可預防骨質疏鬆，富含鐵、砷、鈷可補血；能防止衰老並減輕婦女更年期症候群，且對男性陽痿也有一定的療效。豆包含豐富的優質蛋白質，這是一道超級營養的養生美食。

1. 豆包斜切成三角形，紫菜也剪成三角形，中間塗點麵糊固定黏住，入電鍋隨便蒸五分鐘。
2. 一杯水入鍋加薑、辣椒末、枸杞煮滾，調味加點鹽、味精、胡椒粉，勾芡，最後加點香油。
3. 將芡汁淋上，灑點芹菜末（今天家裡沒有，省略）。

PS.

1. 這是一道全素料理，葷食者可入蔥蒜。
2. 懶得勾芡的也沒關係，直接把所有辛香、調味料灑上，蒸好再淋幾滴香油就可以了！

涼拌海鮮

　　這道充滿海島度假浪漫風情、五彩繽紛、吸睛奪目、營養美味、健康防癌、低熱量的零廚藝涼拌菜，無論任何大小排場都能賓主盡歡！

1. 中小火燙熟蝦仁和小卷。
2. 紅、黃椒、洋蔥、辣椒全部切絲，小蕃茄對切。
3. 調醬汁：薑末、蒜末、水果料理醋、鹽、少少許味霖、番茄醬調勻（依自己口味調整醬汁），全部拌勻，撒香菜，完成。

番茄是海鮮最要好的朋友，番茄的酸香讓海鮮的甜更加豐富！

PS.

全聯買的水果料理醋，已有甜味，不需再加糖。用白醋亦可。

涼拌干絲＋小傢伙

　　拍照時，小傢伙飛到盤邊，乾脆就入鏡和各位叔伯阿姨打招呼吧！小傢伙是兩週前，雨中山徑落巢所拾獲，應該是「紅嘴黑鵯」，養大了才能確認身分。

1. 干絲用剪刀剪幾下，夾取時才不致於太長，入滾水燙30秒（切勿超過，否則軟趴無口感），撈出泡涼水冷卻。

2. 用原鍋水燙紅蘿蔔絲和芹菜段，家裡今天剛好兩樣都沒有，改辣椒絲、小黃瓜絲，免燙。

3. 調味：辣椒油、香油、鹽、少許糖、幾滴醬油、來點白醋拌勻，盛盤灑香菜。

PS.
1. 葷食者可加蒜末。
2. 干絲若要熱炒，也得先川燙去鹹味。

脆皮燒肉

　　這是一道港式料理，表皮酥脆，嚼起來喀喀作響，肉質鮮嫩多汁，鹹香的味道沾蒜醋汁，令人回味無窮！斟上一杯老酒，賽一回神仙！

1. 正方形的五花肉塊，用刀把皮刮一刮，再用叉子戳一戳。肉的部分切一吋寬，皮不可切斷。
2. 肉身抹酒、花椒粉、糖、胡椒粉、鹽，表皮抹一層高梁酒或白醋（我抹高梁酒醋），表皮鋪上一層厚厚的鹽。
3. 用鋁鉑紙折成小盒，將肉放入只露出皮，放在冰箱冷藏至少一天，讓表皮乾躁。
4. 入氣炸鍋前（或烤箱也行），先將皮上面一層厚鹽刮掉，200度22分鐘（烤箱時間要更久），會聽到像「爆皮」的聲音。
5. 烤好後直接沿肉切縫處切成條，再切片擺盤。
6. 沾醬：蒜末+白醋。

PS.
各家氣炸鍋、烤箱功率不同，自己觀察調整時間。

△肉身切一吋寬，皮不要切斷。（上面的橫斜紋不是我切的，是肋骨紋）

菇菇頂瓜瓜

　　絲瓜中含防止皮膚老化的維生素B群，維生素C等能保護皮膚、去斑、美白。纖維素更可改善便秘、皂苷和葫蘆巴鹼可抗癌、槲皮素和芹菜素可防止動脈硬化、亦可改善失眠。至于菇菇的功效，菇丈最知道！絲瓜除了清炒、煮湯以外，也能重組出美妙的和諧樂章！

1. 將絲瓜切段，挖去部分籽（不要挖到底，要像個碗），把雪白菇塞進去。
2. 上面放辣椒、薑末、枸杞，電鍋半杯水，跳起來就取出，否則燜太久絲瓜大出水，就整個軟塌了。
3. 蒸好撒點鹽、滴幾滴香油即可，不需味精，絲瓜本身是甜的。

PS.

1. 入鍋蒸前不要放鹽，蒸好再放，否則絲瓜會出很多水。

2. 喜歡勾芡的，蒸前不要放辣椒薑末，蒸好後，爆香辣椒薑末，加枸杞，調味，勾芡滴香油再淋上去。

3. 嫌塞菇麻煩的，可直接將絲瓜切片排盤，再排菇入電鍋蒸。老實說，這樣較方便取食，一整坨絲瓜，咬起來挺彆扭的（只是爲了視覺效果）。

李氏家傳紅燒牛肉麵

牛肉不同部位，脂肪含量差異甚鉅，牛腱每100g熱量為117大卡，牛腩每100g熱量325大卡，牛腩的熱量將近牛腱的三倍。牛腱含有半筋半肉的部分，是高蛋白質、低熱量、富含膠質的營養選擇。「時間」恰是美味的關鍵，悠緩從容的溫文熱度，才成就這碗口感鮮彈、散發野性、濃郁深沉、香氣熾烈的家傳美味。

1. 酸菜切碎用辣椒、蒜末炒一下，下一點點醬油、少許糖增香提味。盛出備用。
2. 薑五六段拍碎、蔥幾根打結，起油鍋爆香蔥、薑、蒜粒，下牛肉塊炒至牛肉變白。
2. 我用四斤牛肉，放甜麵醬兩大匙、辣豆瓣醬兩大匙、番茄醬四大匙，同炒出香味。
3. 把牛肉移入湯鍋，加一碗八分滿的十三香醬油，水淹過牛肉（加在湯鍋的水，在炒牛肉的炒鍋涮一下，再倒入湯鍋，不浪費半點醬料）。
4. 煮滾後極小火燜煮4、50分鐘，不要掀蓋，熄火燜隔夜，讓牛肉泡在醬汁裡燜著。
5. 隔天牛肉再加熱至滾，另起一鍋水煮麵條、青菜，撈起麵條青菜至碗中，再舀牛肉湯、擺牛肉塊，最後灑蔥花。酸菜另盛碟。

PS.

1. 全聯買的「十三香醬油」讓我愛不釋手。以前滷鍋要加的香葉、桂皮、八角、丁香，現在它一瓶搞定！

2. 鍋內上層的浮油加上燜蓋，有燜燒的作用，少了直火，保留彈牙口感，且肉質多汁不柴，又節省瓦斯。

3. 隔一夜比起當天燉煮到位的牛肉味道，更勝一籌。牛肉所含的氨基酸、酵素，經過一夜的梅納反應，生成還原酮、酯、醛，各自的芳香分子融合，激活牛肉的極緻美味。

4. 甜麵醬已有甜味，燒牛肉不需放糖、味精。

5. 一次多做一點，可分裝冰冷凍，解凍後再用電鍋加熱，肉質依舊鮮美。且客人來家裡，隨手就可出一道紅燒牛肉！

烤中卷

　　魷魚家族（魷魚、花枝、小卷、透抽等）所含的熱量低、含有豐富的蛋白質，此外富含鋅可以幫助提升免疫力、加快傷口癒合、延緩老化。台灣食品檢驗針對「已去除內臟」的魷魚家族做分析，發現其所含的膽固醇並非為造成人體負擔的「固醇類」。因此，以少油少鹽方式料理，反而還能幫助降低三酸甘油酯、補充好的不飽和EPA及DHA。

1. 中卷正面切圈，不要切到底，背面（有三角鰭那面）串一根長竹籤（烤好才不會捲起來）
2. 塗一薄層烤肉醬（可自調糖、酒、醬油），不塗也行，抹點酒。
3. 用氣炸鍋（烤箱時間長一點），正面180度5分鐘，反面180度3分鐘，如果中卷很大隻，就再翻面烤2分鐘。
4. 取出中卷，抽掉竹籤，沿刀圈切斷擺盤。可擠檸檬汁、沾胡椒鹽。

泡菜菇菇蕃茄豆腐煲

　　這一鍋防癌、穩定血糖、清血管、降血壓、預防黃斑部病變、提高免疫力、優質蛋白質、高纖通便、富含益生菌、維生素、礦物質和植化素的超級養生美味且零廚藝的好菜，共同守護家人的健康。

1. 鍋底擺各種菇類，蕃茄和豆腐切片，沿著鍋邊交錯排一圈，中間塞滿韓式泡菜，把泡菜醬汁都倒進去、撒點胡椒粉。
2. 加水七分滿（加熱後各類食材會大出水，若加滿水，等一下會溢出來），煮滾後中小火煮五分鐘，關火、淋幾滴香油、撒香菜。

PS.

1. 韓式泡菜也有素食口味，全聯有賣。
2. 已經倒泡菜汁，不需過多調味了。自己嚐看看，不夠鹹再加鹽。
3. 鍋底也可以加豆皮、春雨等，隨意亂加！

東坡肉

東坡先生仁民愛物、文采翩翩卻一生坎坷。其於西湖興利築堤,深受百姓愛戴。 百姓聞蘇東坡最喜吃紅燒肉,過年時,大家就抬豬擔酒來給他拜年。 於是他把堆積如山的豬肉,囑咐家廚切成小方塊,以黃酒燜至香嫩酥爛,贈數萬民工分享。

1. 肉切成方塊,入蔥薑酒川燙,撈出,用粽繩五花大綁。
2. 鍋底鋪滿蔥段薑片,肉一塊塊排上去。
3. 加入黑糖:蠔油:十三香醬油:紹興酒:水=1:1:1:1:4,煮滾後,極小火燜煮1.5小時,蓋鍋蓋燜隔夜。
4. 隔天食用前再加熱。

烹煮時酒醬香四溢,香傳十里,脂腴入口即化,酥爛誘人。斟上好酒,向東坡先生致敬。

PS.

1. 黑糖香氣濃郁，比炒糖色更香。（其實是我怕麻煩所研究的撇步）
2. 用全聯買的十三香醬油，免加香葉、桂皮、丁香⋯⋯，滷肉必備。
3. 千萬千萬要用紹興酒，燜煮時的香氣您就會知道和米酒的差異之大。
   啊！醇香醉人，不枉此生！

紹興醉雞

這道菜是以當歸、紅棗、枸杞入菜，「藥借食味，食助藥性」，在人們「厭於藥，喜於食」的天性下，達到藥食同補的功效。

1. 將去骨雞腿排內側劃橫直數刀（皮勿割破），抹點鹽、酒，捲起用粽繩固定，也可以用鋁箔紙包捲，兩端旋緊。
2. 小鍋放入一大片當歸、兩粒紅棗、一把枸杞、鹽、少許糖、半碗水，放電鍋下層，上面蓋深盤放雞肉同蒸，外鍋一杯水，跳起燜十分鐘。
3. 取出雞肉和小鍋，加半碗紹興酒入小鍋，雞肉浸泡在鍋裡，冰到隔天入味，再取出切塊擺盤。

PS.

1. 如果藥膳酒汁淹不過雞肉，就放進塑膠袋醃泡。
2. 剩下的藥膳酒汁不要浪費，加水，可煮一鍋藥膳菇菇豆腐湯。

酒蒸蛤蜊

　　乾隆皇帝下江南時在蘇州初嚐蛤蜊，封它爲「百味之冠」。蛤蜊具有低熱量、高蛋白、少脂肪的特質，有助於降低膽固醇和血糖，富含鐵、鈣、碘、磷、硒等多種礦物質和維生素A、B群、E、K，是營養健康的美味佳肴。

　　1. 吐完沙的蛤蜊放深盤中，灑蔥白、蒜、辣椒末、薑絲，淋半杯米酒。

　　2. 電鍋外半杯水，蒸約十分鐘，取出灑綠蔥花。

PS.

1. 完全不放鹽和其他調味料，連香油也不要，純粹享受海洋的鮮甜滋味。

2. 盤子裡蒸出來的「蜆精」，滋補鮮美，可拌飯或煮一碗粥。

豇豆炒肉末

　　豇豆一般被歸類為蔬菜，若以營養學角度，豇豆應屬蛋白質類。除了高蛋白質更兼具蔬菜的優點，膳食纖維含量非常豐富，每100公克就占了2.8公克。且富含維生素B群，可促進新陳代謝。更重要的這是「痛風」患者可以食用的豆類。

　　豇豆又稱菜豆仔，常見煮「菜豆仔粥」或切長段炒大蒜燜煮。改成這樣做，快熟又容易入味。

1. 豇豆切丁，絞肉醃醬油，再抓點油容易炒散。
2. 起油鍋爆香辣椒蒜末，將絞肉炒散，下豇豆丁中火翻炒數下，放大約半杯水（量米杯），繼續翻炒。
3. 放鹽、味精、幾滴醬油、胡椒粉調味，續炒到水分收乾，盛盤。

非常下飯的一道菜，口感不軟爛，也很適合帶便當。

PS.

炒酸豇豆也是這種做法，但不加水炒，酸豇豆含高鈉離子，高血壓患者不能多吃。

五更腸旺

　　古時候入夜後所點的小火爐，取之為五更爐。守歲時用小火爐煮著腸旺，盼來年昌（腸）旺，且腸有長長久久之意，討個吉祥。這道在川菜館必點的菜，其實做法很簡單。

1. 起油鍋爆香花椒粒，撈出花椒粒丟滾水鍋，加酒、鹽燙鴨血，多燙一下，讓鴨血沁滿花椒香氣。
2. 油鍋裡的花椒油爆香酸菜末、蒜片、辣椒、薑片（切小小方片），加一大匙辣豆瓣醬炒出香味，加點醬油、一點點糖提味。
3. 放入燙好的鴨血、大腸，加點水煮滾，勾芡，加入青蒜苗，淋幾滴香油。

PS.

1. 到麵攤買現成滷好的大腸回家切，省事多了。否則要洗得滿手豬屎味！

2. 買菜時好像少了什麼，但就想不起來。晚上做這道菜時才想到，啊！靈魂青蒜苗忘了買，只好湊和撒點香菜了事！沒辦法，年紀大了，老是忘東忘西。

3. 家裡沒有酒精爐，砂鍋代替。

金沙豆腐

　　豆腐有豐富的蛋白質，蛋白質有增肌效果。所含熱量低、低GI，減少血糖波動，可促進新陳代謝。且含大豆異黃酮，可抑制脂肪生成，減緩更年期不適。

　　用鹹蛋黃做的金沙風味，保證上桌叫好又叫座！

1. 豆腐入油鍋小火慢煎到赤赤酥脆，推到一邊，傾斜鍋讓油流到另一邊，爆香蔥白末、辣椒、蒜末。

2. 將一包鹹蛋黃粉倒到爆香油上，炒至起泡立即熄火，將豆腐推回中間灑蔥綠末和金沙泡拌勻，起鍋盛盤。

PS.

1. 素食不加蔥蒜，改成薑末爆香，最後灑芹菜末。
2. 全聯買的鹹蛋黃粉，已經完全調味好了，很簡便。
3. 全聯有賣「大漢板豆腐」比義美板豆腐大一點，用大漢的量，拌一盒金沙蛋黃粉剛剛好。
4. 千萬不可買市售一顆顆純鹹蛋黃，那是做蛋黃酥用的，會失敗得很慘。篇幅有限，慘痛經驗不贅述。

夏日玫瑰

　　蒜泥白肉換個吃法，更健康、少負擔。好看又清爽的夏日玫瑰，零廚藝也能讓餐桌充滿浪漫喔！

1. 超市買的長條火鍋肉片（豬五花口感較好，但我正在減肥，買全瘦的），鍋中放點蔥薑酒，川燙幾秒。

2. 小黃瓜躺平用刨刀從頭至尾刨長條，把燙好的肉鋪在小黃瓜上面捲起來（瓜要比肉長）。

3. 調醬汁：蒜泥、辣椒、一點蠔油、辣油、醬油、白醋、一點點糖提味、香油、白芝麻。隨意加，喜歡什麼味道就加什麼。

PS.

燙肉片一次燙兩三片，不要全下，這樣才能控制肉的嫩度。

涼拌小卷

　　根據專家的研究，食用小卷、中卷、魷魚、透抽、花枝、烏賊這六兄弟，膽固醇升高只有低脂肪腱子肉的十分之一。這道夏天清爽的涼拌菜，放心吃吧！簡單、營養又好吃的一道菜，一起動手做吧！

　　1. 小卷放入加蔥薑酒的滾水中川燙一分鐘，撈出泡涼水，瀝乾。

　　2. 蔥段、辣椒片、鹽、一點味精、香油拌勻。

PS.

　　1. 想吃重口味的，可以加檸檬、醬油、糖、醋、辣椒油。

　　2. 也可以不調味，沾芥末醬油，或薑醋汁。

滷肉燥

香噴噴的台灣靈魂美食——滷肉飯，就是要有一鍋細火慢煨的「滷肉燥」。
這也是每次我離開家鄉太久，最懷念的味道！只有台灣人，最能理解其中的美好
滋味。

1. 豬五花切丁（這是台南肉燥）：梅花絞肉＝7：3共兩斤。其他縣市如果不
   用五花丁，改成肥瘦比1：1的絞肉也行。
2. 五花先入乾鍋慢炒，炒到出油，尺吋比原來縮一半，續加入梅花絞肉炒
   散。這個過程約20-30分鐘。
3. 加入十三香醬油200cc、蠔油100cc、牛頭牌紅蔥醬兩大匙、黑糖50g、米
   酒100cc，拌炒勻加水1000cc。
4. 煮滾後以極小火燜煮半小時後熄火，蓋子不掀續燜到隔天早上。早上再開
   火煮滾，熄火燜到中午，中午最後一次煮滾時，再淋一點酒，完成。
5. 小黃瓜切薄片，用鹽殺青，擠出水分，加水果料理醋。

入口即化，膠質黏嘴，香氣濃郁的肉燥，是台灣人的味道！

PS.

1. 肉燥上面浮一層油，熄火加蓋燜，既省瓦斯，且長時燜燒放隔夜，梅納反應讓這鍋滷汁，被酵素產生的芳香分子完全激活。
2. 依自己口味鹹淡增減醬油、黑糖、水。
3. 可拌飯、拌麵，可冷凍保存，分批享用。
4. 牛頭牌紅蔥醬是這兩年發現的新法寶，煮麵、煮粥、包粽子堪稱一絕，再也不用爆香紅蔥頭了！

涼拌素XO醬苦瓜

苦瓜又稱「君子菜」，取義「口苦能為偈，心清志方操」。可清熱消暑、抗癌、穩定血糖、防止動脈粥狀硬化、保護心臟，更可以減肥。此君子菜，有君子之德、有君子之功，小人如我，宜多食之！

1. 苦瓜切薄片，入滾水燙五分鐘撈出，入涼水降溫。
2. 素XO醬拌勻，灑香菜上桌。

所以苦瓜不是只能煮排骨湯、炒豆豉或沾美乃滋生食，涼拌也是一條出路啊！

PS.

1. 不要燙到軟爛，保留一些口感才好吃。
2. 葷食者加一般的XO醬，裡面有干貝、小魚，味道很棒。
3. 可以加幾粒豆豉，增添風味。
4. 燙完苦瓜的水不要倒掉，丟一把枸杞，兩粒紅棗，續滾兩分鐘，冷藏就是一壺清涼退火的苦瓜茶了。
5. 這道菜拌豆豉醬也行。

咖哩雞

　　咖哩中的主要成分是「薑黃」，而薑黃又號稱解毒之王，有抗癌、抗發炎、抗病毒、抗真菌作用，可提升免疫力。豐富的抗氧化劑，如薑黃素、槲皮素、葉黃素、玉米黃素，有助保護視力、延緩老化。疫情期間，宜多食用咖哩。

1. 紅蘿蔔一小條先切丁放電鍋外鍋半杯水蒸，蒸紅蘿蔔的時間，處理馬鈴薯（兩顆），洋蔥切小方片（小一顆）。等紅蘿蔔蒸好跳起，趕快把馬鈴薯放紅蘿蔔上面，外鍋再半杯水續蒸。
2. 起油鍋爆香洋蔥，下雞肉（半隻）炒到變色，加四碗水煮滾。
3. 煮滾後馬鈴薯也蒸好了，紅蘿蔔、馬鈴薯齊下鍋，剝三塊咖哩塊下鍋煮散。小火略煮10分鐘，完成。

香濃的咖哩，入口即化的馬鈴薯，營養滿分又健康美味！

PS.

1. 咖哩有甜味、小中大辣味……依個人喜歡，隨意。
2. 紅蘿蔔較慢熟，先蒸，再放馬鈴薯續蒸。可節省在鍋內煮熟的時間，
   也不會因爲不斷翻動，而讓馬鈴薯粉碎了。
3. 掀電鍋投入馬鈴薯時，小心被蒸氣燙傷。

豆腐鑲肉

　　這是一道低醣料理，有血糖問題的人，不必忌口。含有豐富的蛋白質，對於需要補充營養且牙口不好的高齡者，非常適合。好簡單的宴客菜，無齒之徒的最愛！

1. 豆腐切塊，中間用圓湯匙挖圓洞（別挖穿了），洞中灑點太白粉幫助沾黏肉球。
2. 將挖出來的豆腐捏碎，加上絞肉、蔥薑末、鹽、味精、酒、胡椒粉、太白粉拌勻，想要Q彈點，就摔打一下。
3. 將肉糰捏成球擺入豆腐洞中。
4. 外鍋一杯水蒸熟，灑蔥花。

PS.

盤裡的蒸汁可倒出勾薄芡、淋香油。不勾芡汁也行。

鹽酥蝦

　　日本稱蝦為海老，因為其外觀有長鬚與彎曲的腰，貌似老人，蝦含有極營養的成分：蛋白質、微生素A、微生素B群、鈣、鐵、磷、鋅及牛磺酸，對心臟、肝臟相當有益，因此也與長壽互為關聯。

　　1. 起油鍋，下多點油。燒熱後放蝦，讓蝦在油中半煎炸至變色。

　　2. 把蝦推一旁，傾斜鍋，讓油流到一邊，下蔥白、蒜、薑、辣椒末爆香，放鹽、味精、胡椒粉、鍋邊熗兩滴酒，加蔥綠末拌勻起鍋。

　　鮮味奔放，鹹香下酒好菜！

PS.

1. 蝦要瀝極乾、最好用紙巾擦乾，這樣半煎炸才會脆。
2. 蝦一變色就開始爆香，不要把蝦煎炸太老了。

螞蟻上樹

　　元代關漢卿所作竇娥冤中的女主角，爲婆婆做羹湯，因家貧，傾囊只買得一小塊豬肉，便剁成了肉末和粉絲同炒。然婆婆年邁眼衰，誤將肉末看成了螞蟻，以此爲名，更成了一道聞名的川菜。

1. 粉絲冷水泡軟，剪成數段。
2. 起油鍋下蔥白、薑蒜辣椒末爆香，續下醃過醬油的絞肉炒散，加一匙辣豆瓣醬、一點醬油炒出香味，加半碗水，煮開。
3. 下粉絲拌炒到收汁，起鍋前灑蔥綠花。

晶瑩剔透、鹹香辣口的下飯菜，不到五分鐘就完成了！

豆豉鮮蚵

　　蚵仔富含蛋白質、牛磺酸、豐富的維他命（A、C、E、B2、B12、菸鹼素）和鐵、鈣、磷、鉀、銅、錳、碘、硒、鋅。蚵仔屬於低膽固醇海產。同時，它也是低熱量高蛋白質的食物。蚵仔最重要的的營養成分是鋅，是所有食物中含量最高的。

　　人體中含量第二高的礦物質鋅元素，可以增強免疫力、傷口復原、增髮、避免肌肉流失、增進胰島素分泌、促進生長發育、維護男性的性功能。無論男女，經常食用蚵仔，對健康有相當大的益處！

1. 將蚵仔入滾水，以中火川燙十秒，撈出瀝乾。
2. 起油鍋爆香蔥白、薑蒜辣椒末、豆豉，下豆腐丁，小心用鏟子輕推，下半碗水煮滾，淋幾滴醬油、酒、灑胡椒、少許烏醋，下蚵仔拌勻，勾薄芡，淋幾滴香油、盛盤、灑蔥花。

　　鮮香美味的豆豉鮮蚵，是最適合無齒之徒保養身體的佳肴，也是青春活力的泉源！

PS.

1. 豆豉夠鹹，不再放鹽，嚐看看，不夠再加鹽。

2. 這道菜成功的重要關鍵，蚵仔必須要先川燙（火不能太大、不能久燙），才能保持肥美飽滿。若沒有川燙，下鍋時會大大出水，且縮成鼻屎大小，整道菜就毀了！

3. 事先準備好太白粉水，蚵仔下鍋翻勻（五秒內），立刻勾芡，動作要快，否則也是變成一盤鼻屎豆腐！

日式涼拌洋蔥

洋蔥是功能強大的養生保健食物，所含槲皮素是所有蔬果最高的，更有多種營養健康成分，具有抗病毒、抗過敏、預防癌症、維護腸道健康、清除膽固醇、維持血管彈性、減肥、降血糖，幫助消化、殺菌、促進新陳代謝、排毒、抗感冒、預防骨質流失、抗發炎等作用。生食涼拌，更能發揮最佳功效。

1. 洋蔥切細絲，泡冰水，撈出瀝乾。
2. 加鹽、水果料理醋、白醋拌勻，灑柴魚片。

PS.

1. 水果料理醋是甜味的，不用再加糖。
2. 紫洋蔥含花青素，是強大的抗氧化劑。
3. 吃完洋蔥和大蒜，可以用檸檬水、蘋果、薄荷葉、漱口水、花生米、全脂牛奶、茶葉等方式，來減緩因硫化物帶來的口中異味，或者運動排汗，幫助硫化物盡快排出體外。

三杯杏鮑菇

三杯料理原本來自江西菜系，江西人使用甜酒釀、豬油、醬油各一杯，後來在台灣演變為客家菜系，甜酒釀改為米酒，豬油改為麻油所以台式的三杯是指「米酒、醬油、麻油」，這道菜香氣馥郁、滋味濃厚。

1. 乾鍋放入杏鮑菇，將水分煸乾，將杏鮑菇推到一邊，鍋傾斜倒麻油，中小火把薑片煸成捲曲後，和杏鮑菇一起翻勻，下蒜粒、辣椒拌炒。

2. 下米酒半杯、醬油半杯、糖2-3大匙，炒到湯汁收乾。

3. 最後下九層塔拌勻，起鍋。

PS.

1. 若全素料理則不放蒜粒。

2. 煸乾杏鮑菇時，會出大量水分，要等水分全炒乾，才下麻油煸薑片。

彩蔬照燒肉捲

　　秋葵含有大量水溶性膳食纖維，吃了會有飽足感，對控制體重有幫助。且有刺激腸道蠕動、預防便祕、促進消化，可預防大腸癌。且其含有的硒、鋅、維生素A、β-胡蘿蔔素成分，可抗癌防癌、保護視網膜。又含果膠、牛乳聚糖等，具有幫助消化、改善胃炎和胃潰瘍、保護胃壁、改善消化不良症，因此秋葵被譽為人類最佳的保健蔬菜之一。此外每100公克秋葵，約含有94毫克左右含量的鈣，比起牛奶絲毫不遜色，而且它的草酸含量低，所以鈣的吸收利用率較高。

1. 將秋葵、玉米筍川燙3-5分鐘。紅椒切絲不用燙。
2. 火鍋肉片將蔬菜一一捲好，起油鍋，先接口面朝下煎，再整根煎至金黃。
3. 淋醬油+味霖，煮到醬汁收乾，起鍋，對半切好擺盤，灑白芝麻。

　　繽紛多彩的養生宴客菜，讓您顏面有光、賓主盡歡！

PS.

沒有味霖,就加點糖和酒替代。

金針菇蒸雞

　　金針菇可以有效降低內臟脂肪，排出體脂肪，降低膽固醇和三酸甘油脂。菇類甲殼素還有抑制血小板凝結的功效，使血液變得清澈，能穩定血壓。所含多醣體更能防癌、提升免疫力。和雞肉一起料理，是一道零廚藝又營養下飯的低脂、營養、美味的減肥佳肴。

1. 雞里肌切片，加鹽、酒、胡椒粉、蔥白、蒜末、辣椒末、剁碎的豆豉、幾滴醬油、太白粉、香油一起抓勻。
2. 盤底排金針菇，雞肉放上面，外鍋一杯水，蒸好灑蔥綠末。

PS.

1. 全聯買的雞里肌，脂肪含量低，蒸好又非常軟嫩不柴。
2. 金針菇會大出水，如果不希望湯汁太多，可以加蓋蒸。

蘆筍炒鹹豬肉

　　蘆筍含豐富的維生素E、葉酸和鉀，能刺激睾固酮生成，是一種「催情蔬菜」，19世紀法國新婚之夜新郎必備的祕密武器。蘆筍素有「抗癌蔬菜之王」的美稱，熱量低，可消水腫、減重。在「神農本草經」蘆筍被列爲「上品之上」，能降血壓、強健血管、預防動脈硬化、加強神經系統、減少疲勞、增強免疫力、預防便秘，也可改善化療噁心的不適感。自製鹹豬肉，簡單、美味又安心。

1. 五花肉用叉子戳一戳，才容易入味。
2. 把肉放進塑膠袋中，加酒（多一點）、鹽（多）、五香粉、肉桂粉、甘草粉、糖、黑胡椒、一點點醬油，在袋中搓揉，冰箱冷藏一天。
3. 醃肉用烤箱或氣炸鍋180度，烤20-30分鐘。用電鍋蒸熟也行。
4. 起薄油鍋爆香辣椒大蒜，下鹹豬肉炒出油，再下蘆筍略炒，滴兩滴醬油、鍋邊嗆點酒卽完成（不須放鹽）。

台南芋籤粿

　　農曆七月是芋頭盛產期，芋頭含有大量的膳食纖維，約為米飯的四倍。可預防便秘、促進膽固醇的分解、增加飽腹感，減少熱量的攝入、延緩血糖上升，幫助糖尿病患者控制血糖。芋頭含有一種粘液蛋白，被人體吸收後能產生免疫球蛋白，可提高免疫力。對癌毒有抑制作用，可用來防治腫瘤及淋巴結核等病症。此外，芋頭還可以制胃酸，護牙健齒。

1. 芋頭剉籤，拌入少許鹽、糖、胡椒粉、半匙紅蔥醬，拌勻後加入地瓜粉，讓芋頭均勻沾滿粉。
2. 起油鍋爆香蝦米、香菇，入絞肉炒散，加半匙紅蔥醬、幾滴醬油炒勻，盛起備用。
3. 將拌好粉的芋頭放入剛剛炒絞肉的鍋，無火翻拌幾下，把鍋上殘留的紅蔥醬一滴不剩地沾在芋頭上。
4. 模具鋪烘焙紙或鋁箔紙，將芋頭放進去輕壓平，上面鋪一層剛才炒好的香菇絞肉。放入電鍋，外鍋兩杯水蒸兩次，每次蒸完燜15分鐘。
5. 取出放涼切塊，灑香菜。

　　台南國華街的芋籤粿，是我從學生時代就迷戀的小吃。穿越漫長時光，風味依舊縈懷！

PS.

1. 買芋頭碰運氣，買到好吃的芋頭，怎麼做都好吃。我買過久煮不爛，完全無粉，硬脆的芋頭，簡直是一場災難！

2. 全聯買的牛頭牌紅蔥醬，又香又方便，省去爆香紅蔥頭的麻煩。

3. 紅蔥醬帶鹹味，所以芋頭拌鹽時要斟酌。不夠鹹沒關係，淋海山醬即可，太鹹就沒救了。

白玉鑲金邊

　　家嚴一生冰魂素魄，與人處溫潤謙沖，胸懷錦繡文章，語訥訥而行止翩翩。顛沛渡海漂泊異鄉，舞兩袖之清風，近庖廚之君子。

　　陰陽兩隔三十載，憶兒時阿翁之「白玉鑲金邊」，今作之，淚濕衣襟涕沾裳，寄遙思於茫茫九天之上！

　　白玉割之，熱鑊冷油燒至紋現，下白玉，徐煎之，待金燦燦顏色好，入蔥段、辣子，佐以鹽。

　　至簡家食，濃韻藏心，吾父知否？兒泣不成聲！

高升排骨

　　這道菜的醬汁調料比例是一二三四五，喻意步步高升，是早年官場宴賓待客錦上添花的菜色。而今也是年節吉祥菜，祝福來年步步高升！

1. 排骨多洗幾遍下鍋，入酒、糖、醋、醬油、水＝1：2：3：4：5匙。
2. 煮滾後，小火燜煮，偶爾翻兩下，煮到湯汁卽將收乾時，起鍋灑白芝麻、香菜。

簡單的下酒菜，令人吮指回味無窮！

PS.

1. 如果沒什麼耐心、時間，改中火煮更快些，其實滋味都差不多！
2. 湯汁不能完全收到乾，大概95%的乾度就要熄火，因爲調料有糖，若收到全乾，糖會碳化，變黑變苦。

清蒸三角魚

　　三角魚富含ε-3脂肪酸，脂溶性維生素A、D、E，讓營養吸收更完全，且無暗刺、細皮嫩肉，最適合清蒸或煮湯。

1. 盤底鋪蔥、薑絲和幾顆豆豉，將魚擺在蔥薑絲上面，魚身再放點蔥、薑、辣椒絲、幾顆豆豉。淋點酒、幾滴蒸魚醬油。
2. 外鍋0.7杯水，蒸熟取出，把蒸黃的蔥絲撿出來，不要了。重新鋪上鮮綠捲蔥絲，上桌。

PS.

1. 魚身扁薄，不需要再劃刀。
2. 可用破布子代替豆豉，蒸起來非常甘甜。
3. 捲捲蔥絲切好後，泡冷開水或冰水，才會捲捲。
4. 豆豉夠鹹了，魚身可免抹鹽。

洋蔥毛豆炒肉末

毛豆是小弟，黃豆是大哥，毛豆就是黃豆的「小時候」。毛豆富含維生素B群、C、礦物質鉀、鈣、鎂、不飽和脂肪酸，可加強代謝血脂、有助於降低膽固醇及三酸甘油酯。毛豆所含的卵磷脂，可增強記憶力，預防失智症。豐富的膳食纖維，能改善便秘，又能增加飽足感。類黃酮化合物、皂苷可去除自由基、抗氧化的功效，大豆異黃酮可改善更年期不適。而且是優質蛋白質的最佳來源。

1. 毛豆入滾水煮5、6分鐘，將浮在上面的膜衣倒掉，瀝乾備用。
2. 起油鍋爆香辣椒、蒜末，接著下醃過醬油的絞肉炒散，續下洋蔥丁（半顆）炒香，最後下毛豆略炒，加鹽、幾滴醬油、胡椒粉調味，最後鍋邊熗幾滴酒，翻兩下出鍋。

做法簡單、營養美味的下飯菜就完成了！

PS.

洋蔥很甜，不需要再放味精。

啤酒三層肉

啤酒入菜可以軟化肉質，讓肉飽含汁液，彈嫩不柴。根據科學研究，肉類若用啤酒醃製，可以降低致癌物多環碳氫化合物生成。這道讓賓主盡歡的豪華宴客菜，經過褐變反應，香味內部凝聚串聯，潤彈透亮。

1. 鍋抹一層薄油，五花肉入鍋煎兩面赤赤，煸出油脂。用煸出來的油爆香薑片、蔥段，加1.5杯十三香醬油、一罐啤酒、幾粒冰糖。
2. 燒滾後，中小火續燒，兩面多翻幾次，直到醬汁快收乾，起鍋、放微涼（太燙切會碎掉）、切片擺盤。

用生菜包著吃、佐洋蔥絲。或用荷葉餅包著吃、佐青蒜或蔥白。

PS.

1. 如果用一般醬油，要另外加桂皮、八角、香葉、丁香……，全聯買的金蘭十三香醬，一瓶搞定。
2. 啤酒＋冰糖，可以用可樂取代。

打拋豬

　　打拋葉的正式學名爲「聖羅勒」，和九層塔同科同屬，但是味道比九層塔還淡。打拋葉有消胃脹氣、驅風、化痰、抗菌等功效。因其特殊香氣，通常用來入菜。照顧打拋葉也是和九層塔一樣，要摘除花心塔，常摘葉食用，才不會變老。

1. 起油鍋，肉末炒散，加入辣椒末、蒜末、番茄丁、洋蔥丁炒出香氣。
2. 加入醬油、魚露、少許糖、少許酒，略炒一下，最後起鍋前加入打拋葉，翻兩下起鍋。

這道菜又被稱爲泰國魯肉飯，香氣張揚、風味入魂。

PS.

1.可用九層塔代替打拋葉。
2.不喜歡魚露味道，就用醬油、蠔油替代。

酸薑黑木耳

立秋時節，食用黑木耳可滋陰潤燥。黑木耳素有「血管清道夫」美譽，富含膳食纖維、維生素B2、鈣、鐵、花青素、抗凝血成分，能通血路、預防血栓，還可降血糖、促進腸胃蠕動、改善便祕，具飽足感能幫助減重。所含多醣體，可增強免疫力。

1. 乾雲耳泡軟，下滾水川燙一分鐘，撈起瀝乾。
2. 泡嫩薑切絲，加辣椒圈，一點糖、香油和木耳拌勻。

加上泡嫩薑，富含益生菌，鮮香爽脆，讓您清腸清胃、一路順暢！

PS.

1. 泡薑已經夠酸夠鹹，不需要再加醋、鹽。如果沒有泡薑，就加薑末、醋、鹽。葷食者可加蒜末。
2. 泡嫩薑的方法，請參閱樂活上菜——酸薑肉絲。
3. 已經服用抗凝血劑者，不宜大量食用。
4. 拔牙前後及經期宜避免食用，以免出血過多。

韭菜蚵仔煎蛋

　　韭菜可降血壓與血脂、預防動脈硬化、抑制病菌、補腎壯陽、行氣理血、潤腸通便、增強免疫力。所含硫化物可以抑制癌細胞。現在正是蚵仔最肥美的季節，和韭菜一同入菜，可補精益氣，參像一尾活龍！

1. 蚵仔在滾水中川燙十秒，撈出瀝很乾。
2. 三個蛋打散，加入半把韭菜末、鹽、味精、胡椒粉、幾滴酒，攪拌均勻。
3. 起熱油鍋，加入蛋液後轉小火，馬上把蚵仔一顆顆排在韭菜蛋液上面（動作要快）。
4. 全程小火，待蛋液差不多凝固，翻面煎一分鐘盛盤。

若嫌這道菜名字土氣，可改為：地中海牡蠣佐青蔬嫩煎蛋

PS.

1. 這道菜要翻面，不適合空中甩鍋，免得尚未凝固在蛋液中的蚵仔亂跑。翻面時把整片蚵仔蛋滑入鍋蓋，再迅速反扣入鍋即可。

2. 蚵仔必須要燙出水分，下鍋前一直留在漏杓上滴乾水分。若沒川燙就入鍋，會大出水，整鍋失敗。

3. 川燙過的蚵仔再入鍋煎，才能保持飽滿。翻面完不可煎太久，一分鐘內馬上出鍋。

海鮮燴蒸蛋

這道菜本身超低熱量，且富含優質蛋白質。非常適合手術癒後的傷口組織復原。也是一道適合減重的料理，簡單易做、宴客大方。

1. 四個蛋打散+1.5倍的水，加兩滴白醋或檸檬汁去腥，加鹽，打勻，過篩。
2. 外鍋一杯水蒸蛋，鍋蓋放一根筷子，留出一條縫，蛋汁蒸熟取出，用刀畫出格子。
3. 半碗水入鍋，放入秋葵圈煮出黏液，放干貝、蝦仁小火煮滾，加幾滴醬油、少許糖、幾滴香油提味，淋在蒸蛋上。

鮮甜的海味，滑嫩的口感，繽紛的視覺饗宴，讓炎炎夏日的餐桌，賓主盡歡！

PS.

1. 用秋葵的黏液代替太白粉勾芡，營養加分。
2. 不放海鮮，就是滑嫩的蒸蛋，蛋液和水的比例要抓對（一碗蛋要加一碗半的水），鍋蓋留縫，就不會蒸出過老的蜂巢蛋。
3. 把蒸蛋加的水改成牛奶，鹽改成糖，就是滑嫩的雞蛋牛奶布丁。
4. 干貝有鹹味，芡汁不用再加鹽。
5. 蒸蛋畫格線，讓湯汁沁入，更入味。

宮保雞丁

　　相傳清朝丁寶楨曾任東宮太保，人稱丁宮保。其任四川總督時，經常命家廚做這道自創佳肴宴客，故以「宮保雞丁」名之。複合醬香、匯齊迸發、花生米香脆碰撞，美味在唇齒間周旋。佐酒、家常、宴客多重角色，游刃有餘。

1. 雞里肌切塊，醃醬油、酒、太白粉。
2. 起油鍋，丟入一把花椒，爆出香氣後，將花椒撈出不要了。
3. 將雞肉下鍋煎金黃，推到旁邊，傾斜鍋身讓油流到一邊，爆香乾辣椒段、蒜片、蔥白段。
4. 雞肉和辛香料炒勻，下一匙醬油、蠔油、烏醋、少許糖、酒。
5. 炒到收汁，下蔥綠段、鮮辣椒片拌勻，起鍋盛盤，灑花生粒。

PS.

1. 全聯買的雞里肌，一條切成三塊，一盒正好做一盤。做這道菜若用雞胸會太柴，用雞腿去皮又麻煩，雞里肌是非常棒的選擇。
2. 雞肉已經醃醬油，拌炒時又加醬油、蠔油，不需要再加鹽了。
3. 不敢吃辣的，就買不辣的辣椒自己曬乾。

黃金福袋

　　豆製品含有優良蛋白質、鈣質、鎂、鐵等礦物質，同時也含有維生素E，是相當營養美味的食材。 可降低血中膽固醇、軟化血管、降血壓、以及預防動脈硬化。

1. 芹菜梗約20公分長，燙一分鐘備用。
2. 起油鍋爆香薑末、香菇丁，續加入筍丁（或茭白筍絲）、燙熟的紅蘿蔔丁、芋頭丁、玉米粒和毛豆，淋幾滴醬油、酒、鹽、胡椒粉，亂炒幾下，盛出備用。
3. 取包壽司的豆皮，填入餡料，用芹菜梗綁緊，上面裝飾枸杞。

這道菜是全素料理，年節時宴客，喜氣吉祥。

PS.

1. 葷食者可加蝦仁丁，內餡隨意，也可加鹹蛋黃或鵪鶉蛋，喜歡什麼就放什麼。

2. 綁繩也可用瓠瓜絲干泡軟，葷食者也可用燙軟的韭菜。

3. 芹菜梗如果太粗，燙完後用刀尖從中切對半，甚至切成1/4粗，細一點比較好綁。

4. 壽司豆皮在素料店買得到，我是在蝦皮購物網站買的。

炸醬麵

　　炸醬麵是一道北方麵食，所謂「炸醬」，就是把醬放在油中炸，逼出濃厚的醬香氣。

1. 起薄油鍋，將一斤梅花絞肉炒散，續翻炒到絞肉釋出大量的油脂。
2. 將絞肉推到一邊，鍋傾斜讓油流到另一邊，放入蒜末爆香，接著將三大匙甜麵醬、一大匙辣豆瓣醬放在油中，炸出醬香氣。
3. 全部食材和醬料炒勻後下豆乾丁續炒，接著放醬油一大匙、酒一大匙、一碗水、胡椒粉炒均勻，繼續用小火燒煮，直到湯汁濃稠，起鍋。
4. 煮麵條，把炸醬淋在麵條上，切點小黃瓜絲佐麵。

　　根據科學研究，氣味與情感和記憶，會在大腦形成深度的聯結。經典的眷村美食，芬芳再現，讓人回味美好的舊日時光！

涼拌翠衣

西瓜皮白肉部分又稱翠衣，可清熱、解渴、利尿、消腫瘡、解酒毒，還可以美白。爆熱的炎夏，來道清涼消暑的小菜，酸爽又開胃。

1. 將西瓜皮去掉綠色部份，切小塊，用鹽殺青。
2. 倒掉殺出來的水分，加糖、醋（或檸檬），薑末、辣椒末、幾滴香油拌勻，醃漬入味，灑香菜盛盤。

所謂十斤西瓜三斤皮，廢物利用，讓垃圾三斤變一斤。發揮勤儉持家、惜福愛物的美德！

PS.

1. 越靠近綠皮部份越硬，所以削綠皮可以削掉多一點，越靠近紅肉部分越脆嫩，各人依牙口情況斟酌。也可切細薄一點，較易咀嚼。
2. 同樣做法可醃結頭菜、小黃瓜、蘿蔔、萵筍（菜心）……。
3. 葷食者可加蒜末。

紅酒燉牛肉

這是一道著名的法式料理，法國盛產紅酒，紅酒中的多酚，可抑制血小板凝結，預防血栓形成，可保護心血管、降低膽固醇、防止動脈粥狀硬化，是地中海飲食的重要配角。紅酒所含的白藜蘆醇、花青素、原兒茶素等抗氧化劑，有抑制癌症的功效。番茄與紅酒滋味互相喚醒，在盛宴中翩然穿梭，讓所有食材因美味而相聚。

1. 鍋中加入橄欖油，爆香洋蔥絲、蒜末，續加入紅蘿蔔拌炒，將洋蔥、紅蘿蔔推到一邊，下牛肉炒至變色，續加入兩大匙番茄醬略拌炒。
2. 加入兩片肉桂葉、蕃茄塊、一碗紅酒、一碗水、鹽、粗黑胡椒粉，煮滾後以極小火加蓋燜煮一小時。
3. 加入洋芋塊拌勻續煮20分鐘，洋芋可以用筷子戳穿就熟了，熄火、灑香菜。

PS.

1. 許多人做這道菜會加奶油，一般植物性奶油是人造的氫化植物油，含反式脂肪，是健康殺手，應盡量避免。

2. 雖然牛腩做這道料理更好吃，但牛腩的熱量近乎牛腱的兩倍。所以控制體重者，選牛腱較適合。

櫛瓜盒子

櫛瓜口感清甜綿密，是超低熱量且高營養價值食物，可預防高血壓、肌肉痙攣、骨質疏鬆、改善貧血、提升免疫力，也是減肥的最佳選擇。

1. 將櫛瓜切成0.3公分左右的薄片，兩面都沾麵粉。
2. 梅花絞肉加入蔥、薑末、一點點醬油、鹽、味精、胡椒粉、香油拌勻。
3. 用湯匙挖一匙絞肉放在櫛瓜上舖滿，再蓋上一片櫛瓜，輕壓一下，小心不要把肉餡擠出來。
4. 全部櫛瓜夾肉做好了，整個沾蛋液，小火兩面煎透，盛盤。

櫛瓜如君子，富於營養卻不搶味，搭配絞肉，襯托出鮮香柔和的口感。

PS.

1. 絞肉不要放太大坨,務必小火慢煎多多翻面,免得外面已焦黃,肉餡卻還沒熟。

2. 切剩下的櫛瓜可以切圓薄片(越薄越好捲),一片一片疊長條捲起,用牙籤固定,切出平底,成一朵玫瑰花。

砂鍋白玉獅子頭

　　「獅子頭」喻意將相強者，是一道著名的淮揚菜，湯汁與肉汁交融燉煮，時間和溫度的雙重作用，香氣沁人心脾，獅子頭入口即化，美味在唇齒間綻放。傳統砂鍋菜任憑時光流轉，記憶風味始終如一。

1. 將板豆腐壓碎擠出水分，加豆腐：絞肉＝1：1，加薑末、醬油、糖少許、酒數滴、胡椒粉、鹽、味精、幾滴香油、一顆蛋、少許太白粉拌勻，盡量摔打出彈性，或用調理機攪打。
2. 將絞肉泥用手掌摶出大圓球，放氣炸鍋或烤箱，200度15分鐘烤到外表金黃。
3. 在砂鍋中爆香扁魚末、蝦米、蒜末、香菇絲，砂鍋底先鋪上預先燙軟的娃娃菜，將獅子頭放在娃娃菜上面，再加入紅蘿蔔片、金針、木耳、金針菇、豆皮、半匙沙茶醬、少許醬油、鹽、糖調味，加水蓋過獅子頭，煮滾後小火續煮至少30分鐘。
4. 待所有的食材軟爛後，淋幾滴烏醋，熄火上菜。

　　砂鍋獅子頭越燉煮，香味越濃郁，被評為江蘇經典十大名菜，如今也是一道飄著台灣味的年節喜慶宴客菜。

PS.

1. 獅子頭原本是油炸，改爲氣炸鍋或烤箱烤製，少油多健康。只要烤到金黃定型，內部夾生沒關係。
2. 用一半豆腐取代絞肉，口感更嫩滑，也減脂降低熱量。
3. 不放獅子頭，就是一道「白菜滷」。
4. 改放酥炸過的鰱魚頭，就是「砂鍋魚頭」。

花雕雞

　　清朝紹興以釀酒聞名，紹興一帶家庭在添丁弄瓦當天，會埋下一罈酒，生下男嬰便期許將來狀元及第，以「狀元紅」宴請賓客；生下女嬰便待閨女出嫁之日，開罈「女兒紅」助興討喜；若女兒長年未嫁、意若花兒凋謝，是名「花雕酒」。此酒經過甕裝窖藏陳年後，成為濃、醇、香的極品佳釀。

1. 起薄油鍋，將雞皮朝下，慢煎出油，把肉推到一邊，鍋傾斜讓油流到一邊，用雞油爆香薑片、蒜末、一大匙辣豆瓣醬後，再均勻拌炒。
2. 加入一杯花雕酒、一大匙醬油、少許蠔油、少許糖、一碗水，下筍塊、香菇中火熬煮。
3. 煮到湯汁減半、濃稠之際，放洋蔥片、芹菜、辣椒片，拌勻起鍋。

酒香濃厚、滋味綿恆、下酒宴客、大快朵頤！

PS.

1. 吃完雞肉剩的湯汁，可加水成湯底，加高麗菜、青菜、豆腐、豆皮、
菇菇……，成為花雕火鍋。

2. 加筍塊更豐富口感，不搶味。這道菜不適合加青紅椒，雖然加青紅椒
會增加顏色，但是卻讓花雕酒的醇香失了焦點。

貴妃醉蝦

　　這道簡單方便的宴客菜，散發著酒香與藥膳香氣，滋味鮮甜，低熱量、養生又營養豐富，在宴客的前一天做好，輕鬆上菜！

1. 小半鍋水加一片當歸、兩粒紅棗、一把枸杞，煮開後加鹽、少許糖，熄火，最後放半杯紹興或花雕酒，放涼備用。
2. 鍋中放入蔥薑酒，煮滾後放蝦中火兩分鐘，將蝦燙熟，撈出過冷開水或冰水。
3. 將蝦撈出瀝乾泡入藥膳汁，放冰箱，隔天擺盤享用。

PS.

1. 煮熟的蝦過冷開水或冰水，更Q彈緊致。
2. 沒有紹興酒或花雕酒，可用米酒代替，香氣略遜。

乾煸四季豆

四季豆本身「不吃油、鹽」，遂發展出「煸」法，令其易入味。「煸」原是用乾鍋以按壓方式微火將食材水分釋出，讓食材成皺乾狀。後改以油炸，省時省事。油炸雖快，但一大鍋炸過的油，倒掉可惜，反覆使用危害健康。氣炸鍋可輕鬆解決困擾。

1. 將四季豆捻去頭尾粗絲，洗淨擦乾後放入塑膠袋，倒入一小匙油搓勻，讓每根四季豆都沾上一層薄油。

2. 放入氣炸鍋鋪平，150度20分鐘，其間拉出來撥動翻面一兩次，讓四季豆受熱均勻。

3. 起油鍋爆香辣椒、蒜末、薑末，下絞肉炒勻，加一點醬油、糖、鹽、胡椒粉炒勻，接著下煸好的四季豆炒勻，起鍋前加兩滴烏醋，鍋邊熗兩滴酒，盛盤。

口感驚豔，風韻獨特，下飯、下酒的美味佳肴！

PS.

1. 四季豆要買兩把，否則煸乾後體積只剩一點點，不夠炒一盤。
2. 有的餐廳做這道菜，會加蝦米、榨菜顆顆，自己斟酌隨意。

紅燒肉

中國自遠古的記載就有這道紅燒肉，而各省的紅燒肉各有特色，是華人家庭餐桌上的經典家鄉味。無論加何種配料或程序，最後就是一鍋紅褐油亮、香噴誘人的燒肉。

1. 冷水起鍋，加入蔥薑酒，豬肉塊川燙一下。
2. 鍋底鋪蔥薑，肉塊、油豆腐、筍塊擺上面，加可樂、「十三香醬油」、水＝1：1：1.5，紹興酒半杯，淹過肉，最後滴幾滴白醋。喜歡吃辣就丟兩條辣椒同煮。
3. 煮滾後，極小火大約40-50分鐘，不要掀鍋蓋，熄火。
4. 隔天食用前再加熱、盛盤、撒蔥花。

PS.

1. 紅燒肉經過一夜的梅納反應，碳水化合物結合胺基酸，激發還原酮、醛類等芳香物質，讓美味昇華。

2. 配料可以放豆干、海帶、水煮蛋、豆輪、麵筋、腐竹、洋芋⋯⋯。

3. 若以醬油取代十三香醬，就丟兩粒八角、香葉、桂皮、丁香。

4. 可樂也可以用沙士、蘋果西打取代，其中所含的小蘇打可以軟化肉質，讓口感不乾不柴，Q嫩多汁。若沒有可樂，就以黑糖+水取代。

5. 加醋不會讓紅燒肉有酸味，但美味提升到另一個層次。

椒鹽蒜香排骨

外酥裡嫩的排骨，簡單操作不用一滴油炸，酥香吮指回味無窮，鹹香下酒超涮嘴。

1. 排骨放塑膠袋醃蔥薑蒜、醬油、糖、酒、胡椒粉，搓一搓讓醬汁入味。冰箱冷藏一夜。
2. 取出排骨，沾滿地瓜粉放一下讓粉回潮，放入氣炸鍋180度正面氣炸15分鐘，翻面再炸8分鐘。
3. 起油鍋爆香蔥白、蒜末、辣椒，放入排骨翻勻（3秒），放胡椒粉翻勻，灑蔥綠末翻勻起鍋。

PS.

每家氣炸鍋功率不同，可以拉出來觀察，表面金黃即可。

蘋果絲瓜蒸蛤蜊

　　近來的新品種蘋果絲瓜，口感清甜細緻，圓圓胖胖模樣可愛。和蛤蜊一起入菜，鮮上加鮮、甜上加甜，完全不需要調味料，吃出食物本身的天然滋味。

　　1. 將蘋果絲瓜剖半，再切約0.5公分薄片，排入深盤中。

　　2. 蛤蜊擺中間，撒點薑絲、灑幾滴酒。外鍋0.7杯水蒸即可。

PS.

　　1. 蛤蜊本身有鹹味，不用加鹽。

　　2. 蒸絲瓜和蛤蜊都會出水，蒸完是鮮美無比的蜆精，不要浪費了。

瑤柱上湯娃娃菜

　　干貝又稱為「瑤柱」或「帶子」，它並非是一種生物，而是雙殼貝類的「閉殼肌」，像我們吃蛤蜊時，總有一個白色小細柱緊粘在殼上的東西。干貝含高蛋白、低膽固醇、豐富的鋅，滋味鮮甜甘美，是高貴的食材。這道菜在高檔餐廳所費不貲，用小干貝做這道菜，成本總共只有一百來塊錢，宴客優雅貴氣十足。

1. 把幾粒小干貝放碗中，加米酒電鍋蒸，外鍋一杯水。蒸好撕碎。
2. 娃娃菜對切，上面放干貝，加一大碗雞湯，外鍋1.5杯水蒸。

　　高貴食材，其來有自，鮮甜海味，散發獨特的香氣，是老饕最懂的滋味。

PS.

1. 這道菜完全不需要任何調味料，干貝本身有鹹味，甘美無比，連味精都是多餘的。
2. 蒸干貝時，米酒只淹過干貝還不夠，還要再多一點，蒸好的干貝會把米酒全吸光。
3. 做涼拌雞絲或口水雞都要先把雞肉煮熟，煮完的雞湯留下來，可以冷凍保存，做這道菜時就可以派上用場了！

虎皮尖椒

　　青龍椒又稱糯米椒完全沒有辣味，營養成分很高，含Omega3、維生素C、D、E、K、B群、胡蘿蔔素、鈣、磷、鉀，具有促進脂肪代謝、抗癌、緩解肌肉疼痛、減肥、調節血糖代謝、預防糖尿病併發症、維持皮膚彈性等功效，是不可多得的養生食物。

　　1. 將青龍椒放入乾鍋，用小火按壓翻煸成微焦虎皮狀。

　　2. 將虎皮椒推到鍋旁，中間下油燒熱爆香辣椒、蒜末、薑末，下絞肉炒勻，
　　　加一點醬油、糖、鹽、胡椒粉炒勻，接著和煸好的虎皮椒炒勻，起鍋前加
　　　兩滴烏醋，鍋邊熗兩滴酒，盛盤。

　　這道菜是小時候家父時常做的菜，只是當時環境差，只有煸好的虎皮椒加鹽、油，沒有絞肉。每當做這道菜，就深深懷念父親。

蝦仁香菇盅

　　香菇味道鮮美、香氣濃郁、營養豐富是蕈菇之王，含維生素B群、鐵、鉀、維生素D、多種必需胺基酸，所含硒、多醣體、核糖核酸能清除人體自由基、抑制癌細胞和提高免疫力。山與海的元素相逢，交織成風味細膩深遠、鮮甜甘口、賞心悅目的美饌。

1. 絞肉加入蔥薑末，加少許鹽、味精、胡椒、香油拌勻。蝦仁抓點鹽、酒。
2. 泡軟的香菇裡面輕灑一點太白粉，把絞肉捏圓球放在香菇上面，把肉球壓扁，上面撒一點太白粉，蝦仁放最上面。
3. 外鍋0.7杯水蒸熟、灑蔥花。

做法簡單、營養美味、宴客大氣！

PS.

蝦仁要買最大的，否則蒸完縮水，就不成比例了。

芋仔粥

這道充滿台味的家庭美食，有更簡單的做法，大家試試看！

1. 起油鍋爆香泡軟的香菇絲和蝦米，放入洗好的米和水（1杯：5杯）、芋頭煮滾，略煮7-8分鐘。不要掀蓋、熄火。燜30分鐘。

2. 重新開中小火，再放1杯水，將粥煮滾，用筷子戳芋頭，輕易戳透就表示熟了。若不能戳透再煮5分鐘就熟了。

3. 煮熟後開始調味，一匙牛頭牌紅蔥醬、少許鹽、胡椒粉。最後放醃過醬油、太白粉的肉絲，肉絲一變色就熄火，起鍋、灑芹菜末。

PS.

1. 這道芋仔粥是用燜熟的，可節省瓦斯，而且無須不時翻動，把芋頭邊角煮糊化了。

2. 紅蔥醬有鹽味，所以鹽要斟酌放，也不需要味精。若不用紅蔥醬，就先小火爆香紅蔥頭，再煸炒香菇絲和蝦米。

3. 肉絲最後放，以免久煮乾柴，醃不醃都可以。

4. 米和水的總比例是1:6，同樣方法煮筍仔粥、菜豆仔粥都可以。

日式野菜炊飯

小朋友若不愛吃飯、蔬菜，運用一點巧思，就能解決媽媽的苦惱。宴客時的主食用繽紛多彩的炊飯取代白飯，別具巧思！

1. 洗好米，加入玉米粒、紅蘿蔔碎丁、鹽、粗黑胡椒粉，像平常煮飯一樣一起煮。
2. 燙熟青花菜剪碎，煮好飯後再加入炊飯拌勻。
3. 煎好蛋皮備用。取一部份炊飯，趁熱拌入白糖、白醋（像壽司飯一樣）。
4. 壽司竹簾上面鋪保鮮膜，再鋪蛋皮，炊飯平鋪在蛋皮上面捲緊，保鮮膜兩端像包糖果一樣扭緊，切塊。
5. 紅色火龍果切碎，用湯匙壓一壓、搗爛，拌入剩下的炊飯，放在萵苣葉上面，擺盤。

營養又繽紛漂亮的餐點，如春天的花園、充滿青春氣息！

PS.

1. 沒有竹簾就直接用保鮮膜捲，但是捲完要豎起，再從兩端開口將炊飯壓下去，再填滿，再壓，直到整個飯捲很結實。這樣切的時候才不會散開。

2. 綠花椰菜也可以用菠菜、青江菜、綠蘆筍替代。要另外燙熟，若一起蒸會變黃，就不好看了。

3. 拌薑黃粉就有鮮黃色的炊飯，拌海苔粉變成綠色炊飯。蒸的蔬菜也可以加蕃茄、菇菇等，但若會大量出水的食材，煮飯的水量就要略減。隨大家的創意自由發揮。

腰果雞丁

　　堅果含豐富礦物質和植物性蛋白質，也是麥得飲食、地中海飲食重要的主角，富含不飽和脂肪酸能降低低密度膽固醇，有效預防心血管疾病，預防腦部退化、降低失智症的罹患率。顏色鮮麗、艷若彩霞、滋味豐富、口感層疊，任何場合都是目光、味蕾投射的焦點。

1. 如果是生腰果用烤箱烤熟，即便是熟腰果，使用前用烤箱低溫略烤，會比較脆。雞丁用醬油、太白粉、蛋白、酒醃一下備用。

2. 起油鍋，將雞肉煎變色，推到一邊，鍋傾斜油流到另一邊，爆香蔥白段、蒜片、小薑片，接著炒勻。

3. 調味：一滴滴醬油、糖炒勻，最後下彩椒、洋蔥片，翻炒十五秒，鍋邊嗆酒，最後下綠蔥段，翻勻起鍋。

氣炸金針菇

　　金針菇的營養非常豐富，有健腦、養肝、提升記憶力、抗癌等功效，是高纖消脂減肥，簡單零廚藝的下酒好菜！

1. 金針菇把尾端切掉，一根根撕開，不要洗。
2. 平鋪在氣炸鍋裡，150度大約18分鐘，開始氣炸五分鐘後拉出來用筷子翻一翻，接著每2-3分鐘拉出來挑散翻動，讓受金針菇熱均勻。
3. 全部呈金黃鬆脆狀就完成了，撒胡椒鹽。

超低熱量的零嘴、下酒菜，神來之筆、風味絕佳、口感驚豔！

PS.

1. 金針菇不需要噴油，若沒有氣炸鍋，可以用烤箱代替，時間略長。
2. 剛烤好非常酥脆，放冷回潮口感和味道，就像吃魷魚絲，美味極了！

麻油雞

唐代的《食療本草》記載：「取雞一隻，洗淨，與烏麻油二升熬香，放油酒中浸一宿，飲之，令新產婦肥白。」自古至今麻油雞皆用以產婦調養身體。麻油是維生素E之王，能保護細胞膜及子宮內膜。富含芝麻素、芝麻木酚、植物固醇等多種天然抗氧化物，可減緩體內自由基對細胞的破壞。麻油有豐富的脂肪酸，可降低膽固醇、預防心血管疾病。多重芳香分子風味的釋放，令人難以抗拒的家鄉味道。

1. 鍋起一層薄油，半隻雞剁塊，雞皮朝下小火煎出雞油，把雞肉推旁邊，鍋傾斜讓雞油流到一邊，用雞油爆香老薑片（約二十片）。
2. 爆完雞、薑片炒勻，放兩大匙黑麻油同炒，放一瓶米酒，丟幾粒枸杞，煮滾後小火煮20分鐘，放鹽調味，熄火。

一戶人家煮麻油雞，整條巷子都聞得到香氣，入秋暖暖身，一個冬天都不怕冷！

PS.

1. 用雞本身的油爆薑,可減少油脂,若用麻油爆香太高溫會變苦。

2. 水煮麵線撈起,拌入湯汁上層的浮油、蒜末(不用放鹽),就是好吃的麻油麵線。

3. 產婦要等惡露排完再吃麻油雞,以避免日後子宮肌瘤。經期中也不適合吃。身體正在發炎、體質燥熱上火、失眠也不宜食用。

筍干爌肉

筍干是經過浸泡、燒煮、發酵的食物，故有特殊香氣。台灣的流水席上經常見的筍乾蹄膀，吸飽滿滿油脂，潤滑噴香，是記憶中最深刻的台灣味。多種芳香分子碰撞出濃烈香氣，脂滑入口即化，筍干的脆爽涵容，讓這兩種食材情投意合，交織出天作之合的美味！

1. 將筍干用滾水煮五分鐘，撈出泡冷水20分鐘，除去酸味和鹹味。

2. 起薄油鍋將豬肉(約一斤)煸炒到赤赤，豬肉推一邊，用煸出的油爆香蔥段、薑片。

3. 加一大匙黑糖同炒勻，加醬油2大匙、蠔油一大匙，加水淹過豬肉煮滾，加入筍干煮滾後，極小火燉煮30分鐘，熄火、勿開蓋。

4. 燜一晚，隔天食用前煮滾即可。

PS.

因筍干帶有鹹味，所以醬油不能加太多，用黑糖幫助上色。

破酥醬香豆腐

　　豆腐在烹調中，較難入味，這道菜的靈魂，就是把豆腐捏碎，讓豆腐不會拒醬汁於外，或是表面迎合，裡面卻是我行我素！

1. 把板豆腐壓出水分後捏碎，鍋燒極熱、下油多一點，燒到起油紋，下豆腐碎，將豆腐碎煎到微酥。
2. 豆腐推到一邊，爆香辣椒、薑末、豆豉，炒勻。
3. 淋醬油同炒，加一滴滴糖、胡椒粉炒勻，加入秋葵、玉米筍丁，炒約3分鐘，最後鍋邊嗆酒，起鍋。

鹹香入味，豐富的多層次口感，營養下飯！

蜜汁叉燒

　　叉燒是廣東、港、澳的家常美食，在台灣也大受歡迎。源自於廣東人把豬肉醃醬汁用叉子放在爐火上烤，故名「叉燒」。紅麴可降膽固醇、預防血栓、中風、動脈硬化、心肌梗塞，功效卓著。

1. 選用梅花肉或去皮五花肉（約一斤），切長條，寬度大約2-3公分，用叉子戳一戳，讓醃料好入味。放在塑膠袋裡，加一大匙醬油、一大匙蠔油、酒一大匙、蜂蜜兩大匙、紅糟醬兩大匙，肉在塑膠袋裡揉一揉，放冰箱隔夜，期間可以再把肉拿出來揉一揉。
2. 將醃好的肉放進氣炸鍋，180度約18分鐘，烤十分鐘時拉出來翻面續烤，過程中要注意不要烤焦了。最後幾分鐘可以拉出來再塗一次醬汁。
3. 放涼、切斜片。

肉質軟嫩、色澤鮮亮、肥瘦相間、蜜汁香濃，下飯、下酒的絕佳搭檔！

彩蔬玉子燒

日本最常見的便當菜玉子燒，加入彩蔬不但增加口感與風味，營養更豐富。

1. 打三個蛋，加入紅黃椒末、紅蘿蔔絲、蔥末、筍丁、腰果碎、加鹽、一匙味霖打散。

2. 方形平底鍋刷一層油，極小火，倒入1/3彩蔬蛋液，讓蛋液鋪滿整個平底鍋，蛋液八成凝固時，從遠端將蛋摺捲起來到底，再倒1/3蛋汁，將捲起的蛋塊用煎匙翻起，讓蛋汁流入蛋塊底部並鋪滿平底鍋，待八成凝固再從近端蛋塊捲到遠端，剩下1/3蛋液重複上述動作。

3. 放稍涼切塊、擺盤。

PS.

1. 素食者把蔥末改為香菜末。
2. 各種顏色繽紛的彩蔬，隨意添加。
3. 甜口的玉子燒才放味霖，沒有味霖可以幾滴酒加一匙糖。若做鹹味，不放糖、不放味霖。

糖醋排骨

　　糖醋排骨是一道淮揚菜，酸甜滋味擄獲所有華人、甚至老外的味蕾，是一道大人、小孩都喜歡的經典美味。用氣炸鍋不需要起一大鍋油，美味更健康！

1. 排骨前一晚放塑膠袋、放薑片、蔥段、蠔油、醬油、糖、胡椒粉、酒，搓揉均勻，冷藏一晚。

2. 將醃好的排骨，沾滿地瓜粉，放幾分鐘讓排骨回潮。放進氣炸鍋180度8分鐘，翻面再8分鐘。

3. 調一碗糖醋汁，白醋：糖：番茄醬：水＝1：1：1：2，調好後加一匙太白粉攪勻。

4. 起油鍋爆香蒜末，倒入糖醋汁煮到濃稠，拌入排骨，放紅黃椒、洋蔥，拌勻起鍋。盛盤、灑香菜。

荷塘小炒

荷塘小炒是廣東名菜，顏色繽紛、營養豐富。是秋天滋陰、潤燥、清心、安神的食補。所謂「嫩藕勝太醫」，蓮藕富含維生素B、維生素E、維生素C、兒茶酚、鉀、鈣、鎂、銅、鐵、膳食纖維、丹寧酸等，有抗病毒、抗氧化、促進胃腸蠕動、控制血壓、降膽固醇、健腦、補血、止血的作用。

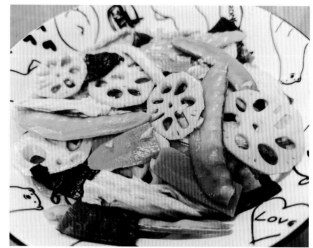

1. 蓮藕切薄片完要泡醋水，才不會變黑。乾腐竹要泡一小時。所有食材下滾水川燙，紅蘿蔔和蓮藕最先下鍋，燙1~2分鐘後，才下腐竹、荷蘭豆、木耳，燙約15秒，全部撈起泡冷開水。

2. 起油鍋爆香蒜末，所有食材下鍋炒勻，放鹽、味精、胡椒粉，炒勻，鍋邊嗆酒，起鍋。

PS.

1. 川燙後泡冷開水，保持顏色鮮豔。

2. 若覺得川燙麻煩，可爆香蒜末後紅蘿蔔先炒一分鐘，再下蓮藕炒，鍋中加一匙高湯或水同炒一分鐘，最後下其他食材炒勻、調味。注意荷蘭豆不要久炒。

3. 素食者把蒜末改成薑末。

4. 全聯有賣泡軟的腐竹。

番茄蘑菇肉醬義大利麵

　　這是一道地中海的抗癌、養生美食，也是小朋友的最愛。做法簡單，可拌麵飯、佐麵包。

1. 起油鍋爆香蒜末、半顆洋蔥丁，下一斤低脂絞肉炒散。下兩顆牛番茄碎丁、15個打成泥的小番茄，一起炒軟，下蘑菇片同炒。加鹽、粗粒黑胡椒粉調味、丟兩片肉桂葉。
2. 下一碗水、五大匙番茄醬，煮滾後極小火煮20分鐘入味即可。
3. 煮麵條，淋醬。

PS.

牛番茄甜味低，小番茄甜味高，自己斟酌兩者可增減。

蔥油雞

　　「肌少症」是高齡者導致失能的最大因素。雞肉含有豐富的優質蛋白質、維生素A、C、E等。 雞的脂肪量低，且富含不飽和脂肪酸，是兒童、高齡者、心血管疾病患者、病中病後虛弱者理想的蛋白質食品。

1. 請雞肉攤將L型雞腿去骨，肉劃數刀斷筋，雞皮不要劃破。
2. 滾水鍋下蔥薑酒，雞肉放到鍋中，中火煮滾後續滾兩分鐘，蓋好鍋蓋，熄火燜10分鐘。
3. 冷鍋冷油，下蔥薑末，鹽、味精，中小火爆出香味熄火盛出備用。
4. 雞肉取出泡冰水，切塊，淋蔥醬。

PS.

1. 雞肉以滾水燜熟，非常鮮嫩多汁。用電鍋外鍋一杯水蒸熟也行。
2. 泡冰水，雞皮較爽脆。

涼拌鮮蚵

　　鮮美豐腴的鮮蚵，鎖住汁水，滑嫩誘人。這道菜在海鮮餐廳，所費不貲，自己做一大盤才花100塊錢。這就是住在海島國家的幸福，吃海鮮一點也不奢侈！

1. 將蚵仔沾裹地瓜粉，一大鍋水燒開熄火，下蚵仔，稍微推散，再開中火煮滾就關火撈出蚵仔瀝乾。
2. 盤底鋪滿洋蔥絲，將瀝乾的蚵仔鋪在洋蔥上面。
3. 醬汁：蔥、薑、蒜末＋一大匙番茄醬、一匙烏醋、一匙白醋、一匙蠔油、少許糖、香油拌勻。淋在蚵仔上面。

五味松阪豬

　　松阪豬就是俗稱的「黃金六兩肉」，在豬的頸脖部分，一頭豬只能取得六兩左右，油花分布漂亮、口感脆甜，因此價格較其他部位稍貴。

1. 將松阪豬逆紋切斜片，滾水鍋下蔥薑酒，肉片放入中火煮滾，熄火燜十分鐘。
2. 準備醬汁：蔥、薑、蒜、辣椒末加一大匙番茄醬、一匙蠔油、一大匙醋、少許糖拌勻。
3. 松阪豬片排盤，淋醬汁。

泡菜炒豬五花

　　泡菜含豐富的益生菌，酸爽可口，和豬五花同炒，是一道簡單、快速又下飯的便當菜。

　　1. 將豬五花切薄片，或買超市的現成切片。

　　2. 起油鍋爆香蒜末、辣椒片，把豬五花炒散，下韓式泡菜炒勻。

PS.

　　用四川泡菜更酸爽，台式泡菜太甜了，不適合這道菜。

京醬肉絲

　　京醬肉絲是一道北京名菜，醬香濃郁、鹹中帶甜。做法簡單，但吃法演變至今五花八門，深受大家喜愛。

1. 將肉絲醃一滴滴醬油(不可多)、酒、太白粉抓勻，再打入一顆蛋白，抓一抓，最後加點油。(容易炒散)
2. 調醬汁：一大匙甜麵醬+一匙豆瓣醬+一小匙糖+一匙酒+兩匙水，調勻。
3. 起油鍋，爆香蒜末，將肉絲炒至變色，下醬汁，略炒一分半鐘。
4. 盤中鋪上粗小黃瓜絲，擺上荷葉餅。
5. 荷葉餅可用六張水餃皮相疊，張張之間抹油擀薄，撕開成三份，每份兩張相黏，鍋中抹薄油，兩面小火烙微黃，起鍋放涼將相黏的兩張餅撕開。

　　甜麵醬風味的釋放，在唇齒間碰撞周旋，拌麵、下飯、下酒、宴客都足以征服大家的味蕾！

PS.

1. 不吃辣的可以將辣豆瓣醬改成番茄醬，別有一番滋味，小朋友更愛吃。

2. 荷葉餅也可以夾大蔥或青蒜。也可以夾在吐司捲起來，用牙籤固定後斜切，變身成文青美食，野餐非常方便。

千張海鮮起司塔

千張薄如紙張由黃豆製成，幾可透光，也被稱為大豆紙。搭配海鮮含有豐富的蛋白質，是減醣、生酮飲食的絕佳組合。紙皮酥薄脆，牽絲的起司濃口，一口咬下白醬香滑，蝦仁、小卷鮮脆甜，綿密的幸福感油然而生！

1. 餡料：起油鍋爆香蒜末、洋蔥丁，續下蝦仁丁、花枝丁、紅黃椒丁略炒，加鹽、酒、粗黑胡椒粉，炒至七分熟即可。
2. 白醬：一匙油炒香一匙麵粉，加200cc牛奶，小火慢炒到麵粉糊化，奶汁濃稠，加一點點鹽調味。
3. 將千張紙剪成11×11公分（一張是22×22公分，剪成4張），兩張交錯相疊，鋪在7公分直徑的布丁烤模中，用布丁杯從千張紙上面壓下去，讓下面的千張紙完全貼底部壓出杯型，填入餡料和白醬，上面鋪會牽絲的起司。
4. 氣炸鍋160度12分鐘。
5. 取出脫模，上面灑香菜末、紅黃椒末。

PS.

1. 200cc牛奶做成的白醬，一共做6個海鮮塔。

2. 沒有千張紙，可用去邊吐司，用桿麵杖把吐司壓扁扁，四邊中點切開一條縫，切縫處交錯放進布丁杯。但此作法熱量較高。

3. 素食者用蓮子、豆皮、香菇、茭白筍等做內餡。

4. 這道料理用烤箱更勝於用氣炸鍋，下火200度，上火180度。

5. 白醬再加牛奶或高湯，濃稠度降低，變身為海鮮濃湯或玉米濃湯。

鮮蝦韭黃水餃

　　韭黃就是沒曬太陽的韭菜，口感較韭菜細嫩、多汁、鮮甜，含有蛋白質、膳食纖維、維生素A、E、C、胡蘿蔔素和礦物質鈣、磷、鎂、鋅、鉀、硒，具有預防便祕、強健骨骼、抗癌、壯陽等功效，和蝦仁一起包水餃，鮮美、營養、乒乓叫！自己包的特大蝦仁，吃起來超過癮！

1. 一包韭黃（約半斤）、後腿絞肉約400克、超大蝦仁128隻（約2斤半）、兩斤水餃皮，這樣的餡量剛好包完兩斤餃子皮。
2. 韭黃切末、薑末大半碗、絞肉、鹽、味精、胡椒粉、香油拌勻，再加入120cc水，順時鐘方向，將水攪入讓肉吸收。
3. 蝦仁洗淨後瀝極乾，加三大匙酒、鹽、胡椒粉抓勻。
4. 因為蝦仁很大，肉餡和蝦仁比例大約3：7，再放上蝦仁捏緊。
5. 滾水下水餃，滾後加一碗水，共加三次煮滾即可撈起。

PS.

1. 若改成高麗菜，要先殺青，高麗菜末加鹽拌勻後擠出水分。
2. 蝦仁太大，的確不太好包，若包餃子功夫尚淺，可以將蝦仁切丁，或改小一點的蝦仁，但是就霸氣全無了！蝦仁改小，肉餡要增加。

避風塘炒蟹

　　避風塘是香港地區漁民用來躲避颱風的避風港，後因香港銅鑼灣避風塘漁民在船中做「海上食肆」以這道避風塘炒蟹而聞名，並成爲香港十大名菜之一。蒜氣熾烈、複合鮮香、成倍放大、匯齊迸發出令人難忘的滋味。避風塘炒蟹演變至今，成了「避風塘炒一切」，蝦、茄、藕、肉、魚、豆腐……都可用避風塘做法。美味跨海而來，啤酒一打，酣暢淋漓！

　　1. 將蟹切塊沾麵粉，鍋中油多，半煎炸至變色。

　　2. 將蟹推一邊，傾斜的油爆香蒜、薑、蔥末、乾辣椒、豆豉末，和蟹炒勻，加酒、胡椒炒勻，加入一包蒜酥炒勻。起鍋灑蔥花。

PS.

　　1. 豆豉一大匙可用刀背壓碎、再切碎。豆豉夠鹹了，不需再加鹽。

　　2. 在全聯發現避風塘醬，只要把蟹煎焦黃，加醬炒勻即完成。

國家圖書館出版品預行編目資料

樂活上菜／李少慈著. --初版.--臺中市：白象文
化事業有限公司，2023.1
　　面；　公分
ISBN 978-626-7189-71-9（平裝）
1.CST: 食譜
427.1　　　　　　　　　　　　　111017408

樂活上菜

作　　者　李少慈
校　　對　李少慈
攝　　影　李少慈
封面設計　Echo Huang
發 行 人　張輝潭
出版發行　白象文化事業有限公司
　　　　　412台中市大里區科技路1號8樓之2（台中軟體園區）
　　　　　出版專線：（04）2496-5995　　傳眞：（04）2496-9901
　　　　　401台中市東區和平街228巷44號（經銷部）
　　　　　購書專線：（04）2220-8589　　傳眞：（04）2220-8505
專案主編　陳逸儒
出版編印　林榮威、陳逸儒、黃麗穎、水邊、陳婷婷、李婕
設計創意　張禮南、何佳諠
經紀企劃　張輝潭、徐錦淳、廖書湘
經銷推廣　李莉吟、莊博亞、劉育姍、林政泓
行銷宣傳　黃姿虹、沈若瑜
營運管理　林金郎、曾千熏
印　　刷　基盛印刷工場
初版一刷　2023年1月
定　　價　420元

白象文化　印書小舖 PressStore　出版‧經銷‧宣傳‧設計
www.ElephantWhite.com.tw　f 自費出版的領導者　購書 白象文化生活館